全国高等院校建筑与环境艺术设计专业规划教材

建 筑 制 图

空间思维与设计表达

赵红红　蔡伟明　主审
宫　晨　王　黎　编著

中国建筑工业出版社

图书在版编目（CIP）数据

建筑制图：空间思维与设计表达/宫晨，王黎编著
.—北京：中国建筑工业出版社，2021.11
全国高等院校建筑与环境艺术设计专业规划教材
ISBN 978-7-112-26597-8

Ⅰ.①建… Ⅱ.①宫…②王… Ⅲ.①建筑制图—高
等学校—教材 Ⅳ.① TU204

中国版本图书馆 CIP 数据核字（2021）第 188883 号

责任编辑：张 华 唐 旭
责任校对：焦 乐

本书主要从职业意识培养、投影原理、建筑方案图纸绘制方法和识图方法三部分
进行详细阐述。并以投影成像的基本原理为基础,融入思政,结合行业规范及制图标准,
理论系统、简明。强调制图准确率及绘图效率，具有较强的实践性，为初学者提供从
建筑制图原理向建筑方案图纸绘制过渡的必要知识点。本书适用于建筑学、环境设计
在校师生阅读参考。

扫描上方二维码，
即可浏览本书部分图纸。

全国高等院校建筑与环境艺术设计专业规划教材
建筑制图 空间思维与设计表达
赵红红 蔡伟明 主审
宫 晨 王 黎 编著
 ＊
中国建筑工业出版社出版、发行（北京海淀三里河路9号）
各地新华书店、建筑书店经销
北京雅盈中佳图文设计公司制版
北京中科印刷有限公司印刷
 ＊
开本：880 毫米 ×1230 毫米 1/16 印张：10¼ 字数：257 千字
2021 年 12 月第一版 2021 年 12 月第一次印刷
定价：**38.00** 元（含增值服务）
ISBN 978-7-112-26597-8
　　　　（37907）

序

广州城市理工学院（原华南理工大学广州学院）建筑学院自2011年成立至今已走过近10年历程。学院依托华南理工大学建筑学院的学科优势和资源办学，并与其错位发展，是以培养"基本功扎实、动手能力强、职业道德良好的建筑师"为目标的应用型本科建筑学院。

学院教学立足广东省，根据粤港澳大湾区发展对建筑设计人才的需求，秉承"扬长避短，因材施教，凝练特色，突出人品"的应用型人才培养思路，注重职业道德教育、制图基本技能训练，注重对学生综合能力的培养，通过循序渐进的课程设计、严格的基本功训练，培养学生的创造性思维能力、丰富的空间想象力、熟练的表达能力，以及培养学生作为建筑学高级应用型人才应有的专业素质和道德修养。

建筑制图课程是专业基础课的重中之重，技能培养为重，思政教育在先。这本《建筑制图 空间思维与设计表达》由宫晨教师与王黎建筑师结合设计行业需求，对知识点进行梳理与总结，提出制图的核心价值观——热爱、守时、诚实、规范、严谨、效率，同时融思政于教学，通过案例教学和严格的制图训练，培养学生的大国工匠精神、精益求精的工作态度，从而提高学生的综合素养，为社会主义建设提供高素质的建筑设计专业人才。这本书代表了我院对建筑设计基础课程的最新理论研究成果，也是建筑设计基础教学领域第一本结合思政的建筑制图书籍。

"高度结合市场需求，为地方经济建设服务"是我院人才培养的基本原则。这本《建筑制图 空间思维与设计表达》引入大量工程案例及行业规范，针对普通高等院校教学需求，把握学生的学习特点，调整理论知识点的难易程度，为学生的学习和就业打下了坚实的基础。

开放改革四十年来，我国经济高速发展，中国城镇化发展速度与规模举世瞩目，建筑行业已经成为国民经济的支柱产业。在这个背景下，大学的基础课程必须不断创新才能紧跟时代步伐。建院以来，通过师生共同努力，我院培养了一大批栋梁之才，一届又一届毕业生受到社会就业市场的欢迎与认可。正是紧跟社会的教学与不断创新的课程，使我们学院成为本地建筑行业具有影响力的院校之一。立足今日，展望未来，相信我院一定能在这个大好形势下抓住机遇、迎接挑战，创造更美好的未来！

赵红红，教授、博士生导师、广州城市理工学院建筑学院院长，华南理工大学城市规划与环境设计研究所所长，国务院政府特殊津贴专家，国家一级注册建筑师，注册城乡规划师

前　言

建筑设计图纸从初期方案草图到最终施工图、竣工图，种类繁多，但其制图原理与技法是统一的。

建筑设计图纸是一个逻辑系统，图纸语言是传播媒介，一套高精准度、强表达力的图纸，反映出的不仅仅是纸面各种图线和符号的正确标识，它还反映出制图者扎实的图形成像原理的理解与掌握、建筑设计空间关系建构清晰的逻辑思维。因此，仅懂得符号标注、图线分型并不足以绘制出高质量图纸，而是需要更深层次地理解几何形体的空间关系、规范地利用图形语言反映空间关系、熟练地掌握行业规范，才能高质量出图。

由于建筑行业的不断发展，专业分工更加细化，工程项目在不同阶段，同一个项目在不同阶段，其图纸内容表达也有所差异。这就要求制图者在习得基础理论原理及行业规范之外，明确项目进度、了解不同阶段不同图纸的侧重及深度要求，方能提高图纸信息的有效性。

本书力求理论结合市场需求，提出职业素养的建立，以投影原理为基础、行业规范为依据，逐步过渡到建筑设计方案的图纸绘制中。我们希望初学者能根据本书的要点提示，多结合设计案例，多加研习。制图基本功只有通过勤学多练，方能提高。

本书得到了广州城市理工学院建筑学院各位教师和学生的帮助，这里要感谢赵红红教授和蔡伟明教授的大力支持与耐心指导，为此书脉络及框架的建议提供了宝贵建议。感谢张莉老师、钟育雄老师、朵朵老师，感谢全体建筑学院教师，给了我们团队力量和关怀，有了这些鼓励与协助，使我们得以在建筑制图教学路上砥砺前行，不断进取。感谢华阳国际设计集团广州分公司国家一级注册建筑师李珊珊女士、华南理工大学建筑设计研究院有限公司国家一级注册建筑师蔡奕旸女士为此书提供宝贵指导意见。感谢王鸿炎、曾政芳同学对局部图纸的整理。

最后，特别感谢我的父母宫侠先生和陈玉兰女士，没有他们的支持是无法完成此书的。

目　录

中篇　投影

上　篇

——专业思维预备——

第1章 建筑制图基本知识

设计师思路与理念的展现，需要通过准确无误的图纸语言表达出来，展现给读图者。建筑设计的过程是通过图纸的绘制来表达的过程，这个过程是经过多方沟通、多次方案修整、最终落实及实施的全过程。

为避免设计在图面表达与读取之间存在理解偏差，图纸需要一套严谨的逻辑体系、投影原理与行业通行规则进行约束与规范。同时，也要懂得根据不同的出图需求，迅速选取合适的表达方式及深度，懂得使用有效的表达方式准确地呈现设计思路。

本书的编写，基于投影知识与建筑制图行业相关规范，更多地结合实例应用，让初学者迅速掌握如何面对不同出图需求，准确、明确地表达建筑设计方案。

1.1 职业意识的培养

从事工程设计及制图的第一天起，就应该养成良好的专业素养——严格遵守国家制图标准及专业规范。

1.1.1 图纸——各专业沟通的唯一方式

建筑设计的制图表达与其他制图不同之处是：综合性、基础性。

1.1.1.1 综合性：建筑设计图纸一方面结合了设计师的设计理念与实际空间尺度，另一方面展现了建筑物各个不同空间维度的度量关系，根据不同的出图需求，结合美术技法，最终以图纸的形式展现出来（图1-1）。

1.1.1.2 基础性：建筑设计是个复杂的系统工程，建筑相关的各类专业，如结构、给水排水、电气、暖通、节能等设计及设计预算，都是以建筑设计图

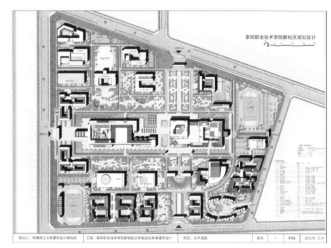

（a）某规划方案总平面图

（b）某宿舍单体效果图

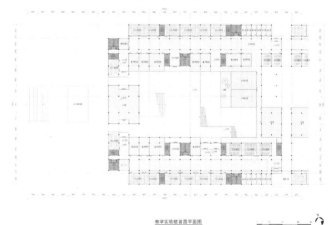

（c）某教学楼二层平面图 1：200

● 图1-1 规划及单体设计图纸

纸为基础的。因此，作为基础专业图纸，建筑设计图纸的表达清晰、精准与否直接影响其他专业后续跟踪的完善与配合。

1.1.2　图纸语言——规范、易读

1.1.2.1　规范制图语言

为满足我国工程建设的需要，保证工程设计质量及工程运作效率，满足工程设计、专业沟通、项目施工、图纸存档等基本要求，各专业制图规格及图示语言务必保持统一。为此，我国住房和城乡建设部组织编制并发布了建筑制图的六项国家标准：《房屋建筑制图统一标准》GB/T 50001—2017、《总图制图标准》GB/T 50103—2010、《建筑制图标准》GB/T 50104—2010、《建筑结构制图标准》GB/T 50105—2010、《建筑给水排水制图标准》GB/T 50106—2010、《暖通空调制图标准》GB/T 50114—2010，以确保工程项目运作的高效。

规范的制图语言是行业的"普通话"，通行于各个相关专业。遵守制图规范是工程制图人员的第一要务。

1.1.2.2　图纸表达需简洁、明晰

一张图纸的信息量是非常大的，而且由于建筑工程的复杂性，会必不可少地涉及图纸的修改。如何在大规模信息中，系统明确地表达设计要点，且便于修改、不遗漏，是至关重要的。

这就要求制图从业者根据个人习惯形成一套适合自己的制图顺序及策略，有步骤、有计划地绘制图纸。同一信息尽量标注在关键点，以便读取；同时，不宜有过多、不必要的重复标注，以便于数据统一管理。

将图纸画满并非好事，完整、精简、明晰的图纸，方为上佳。

1.1.3　完整的图纸内容

一项土建工程项目得以顺利实施，需要大量的图文细节作为技术支持。为确保工程质量，国家先后出台建设工程相关管理条例：《建设工程质量管理条例》（国务院第 279 号令）、《建设工程勘察设计管理条例》（国务院第 662 号令）。根据该条例住房和城乡建设部批准了《建筑工程设计文件编制深度规定》（2016 年版）对工程设计图纸深度予以明文规定。

工程制图人员在绘制图纸时，应严格执行国家相关规定。

1.2　启动职业意识

优秀的建筑制图从业人员需要满足三项基本职业素养：热忱、严谨、守时。

1.2.1　热忱

建筑制图不仅仅是将建筑物准确地绘制出来，从事绘制图纸的过程中不可避免地面临着方案主题如何明晰表达、方案如何以更优势的视角呈现出来、设计图纸如何更高效地绘制出来等。同时，建筑图纸种类繁多，随着设计的不断深入，也会出现不同程度的方案修改及图纸调整，有的时候这个过程还会有反复。从设计方案到最终建成的漫长过程中，无不融入了设计者方案创思的用心与满腔热爱。

图纸表达并非千篇一律，一套好的图纸表达融入了制图者的深思熟虑和满腔热忱的职业态度。

1.2.2　严谨

从各专业配合与整套图纸前后逻辑来说，建筑设计专业图纸是一个严密的逻辑系统，各个环节呼应相扣，密不可分。例如，建筑房间由储物间变为洗手间，这里不仅仅是建筑设计图纸中名称的修改、挡水线的设置、外立面或许会有所改变，还对应着结构的沉箱深度、给水排水、供电系统等一系列的调整。因此，建筑设计是个庞大且条理要求清晰、有序的系统，每一处的表达均需精准、到位、规范、一丝不苟，方能日后有效施工，达成初愿。

1.2.3　守时

每个工程项目都有一定的工作期限，当今飞速发展的市场经济下，时间就是资本运行成本，因时间耽搁而付出的社会成本是巨大的。这就要求制图人员应具备良好的守时素质，在效率与质量并行的基础上，提高绘图效率，严格遵守行业时限。

1.3　专业思维模式及训练

1.3.1　制图语言要点之一：图线要有粗细之分

设计图纸最基本的构成要素就是"图线"，无数线段的拼接组合形成了设计图纸。每张图纸都有强调的重点，有主有次，这就需要对线段加以区分。

最便捷的方法就是：调节线宽（图1-2）。本书将在第2章中，对线宽进行详细讲解。

1.3.2　制图语言要点之二：图线要分型

我们除了分线宽以示主次外，还需要把图线分成不同样式，即"线型"，以区分不同的设计部分。如图1-3所示，粗虚线为地下室边界线，粗双点划线为用地红线。工程图纸的绘制中，线型的区分与使用，是极其必要的。本书将在第2章中对线型具体展开讲解。

1.3.3　专业制图基本要求

专业制图的基本要求是：快速、规范、精准、易读。建筑制图的最终目标是：准确无误地展示设计方

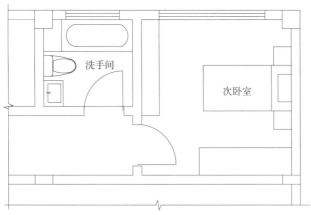

（a）无线宽区别的文字无法寻找重点

（c）无线宽区别的图纸无层次，读图困难

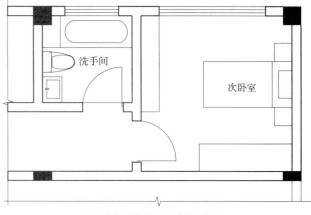

（b）加粗线宽的文字一目了然

（d）线宽区分的图纸更利于辨认

● 图1-2　区分线宽令图面更有层次，重点突出

● 图1-3 不同线型代表不同的意义

（来源：本图选自《华南理工大学建筑设计研究院施工图设计深度技术指导手册》）

案。由于工程时间有限，需要在限定时间内，将更多的细节加以展示，这就要求图纸绘制效率要高。一份图纸出图后会先后经过设计委托方、相关专业设计人员、图纸深化者、校审人员、审批机关、施工人员等多层次工作人员阅读、接洽、沟通与修订，这就要求图纸绘制基本规则需要遵守行业规范，在线宽、线型设置等环节要使图纸易于读取，标注到位、精准。

1.4 制图工具

制图工具（表1-1）尽可能现场挑选，合适的绘图工具及熟练地运用，能提高制图效率和质量。

1.4.1 绘图板

绘图板是用来固定图纸的矩形木板，建筑设计常用的绘图板有0号板（900mm×1200mm）、1号板（600mm×900mm）、2号板（450mm×600mm）。

图板选择及使用应注意：

（1）板面要平整、光滑，遇水不变形。

（2）裁图时应尽量保护好图板表面不被割裂。

（3）图板短边作为丁字尺的轨道需保持平直，长期使用的图板应定期检查丁字尺常用边，若有磨损需及时更换。

（4）裱纸绘图时应留出图板一条边作为丁字尺导轨。

建筑设计制图必备工具一览表　　　　　　　　表 1-1

项目	规格	数量	注意事项
绘图板	A1	1	至少一个短边平直无缺损，板面平坦
	A2	1	
盖图布	大于 A1 大小	1	棉质，不易滑落
丁字尺	60cm	1	丁字交界处无破损，刻度边平直
	90cm	1	
三角板	60°、45°	2套	一套为有效刻度 15cm 以内，便于绘制小尺寸；一套为有效刻度 40cm 左右，便于绘制大尺寸
圆规、分规	配有延长杆、分轨针等	1套	两针脚开合有阻尼
曲线板（或蛇形尺）	曲线板（20cm）蛇形尺（50cm）	1	—
比例尺	1：100~1：500	1	含有比例1：100/1：200/1：250/1：300/1：400/1：500
模板	家具模板、圆模板、建筑模板等	各1	—
铅笔	2H、HB、B、2B	各1	若采用自动铅笔绘图，建议 2 支搭配使用,分别为：0.3mm、HB 铅芯；0.7mm、2B 铅芯
橡皮	—	1	
擦图片	—	1	
针管笔	0.1/0.3/0.5/0.7	1套	笔尖摇起有声音
刀片	—	1	柔软易弯曲
绘图纸	A1、A2	若干	—
胶带纸	—	若干	—

1.4.2　丁字尺

丁字尺用来绘制水平线段，应注意（图 1-4）：

（1）尽量使用靠近端头部分绘图，尾端易倾斜

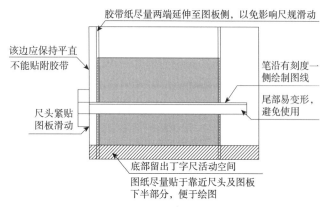

● 图 1-4　丁字尺的使用

变形，尽量避免使用；

（2）画图时，应选准图板的一个边作为丁字尺移动导轨。由于丁字尺的尺头 90° 是经过严格校准的，而图板会因各种因素难以确保两边夹角为 90° 及各边绝对平行。因此，画同一张图纸时，丁字尺只能沿图板的一个侧边来回移动，不得在其他各边滑动。

（3）画图时需使用丁字尺带有刻度的一边，无刻度的边不能使用。

（4）移动丁字尺时，尽量压低尺头，使得尺身拱起，可以在移动时减少与纸面的摩擦，保持图面整洁（图 1-5）。

（5）绘制水平线时应按照从左到右、从上到下的顺序进行（图 1-6）。

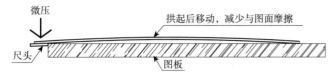

● 图1-5 丁字尺的移动

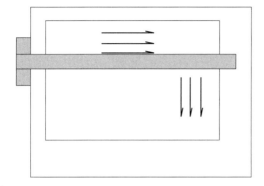

● 图1-6 使用丁字尺绘图顺序

1.4.3 三角板

三角板是图纸中垂直线段的绘制工具，同时45°、60°三角板可以相互搭配组合成多个角度，用于特殊角度斜线的快速制图。可通过尺规组合迅速作出15°、30°、45°、60°、75°、105°、120°、135°、150°、165° 等多个角度，如图1-7所示。

在绘制图纸时，三角板的移动需要略微抬起以减少与图纸的摩擦，利于图面整洁。使用三角板时，图线绘制方向应从下至上，从左至右，如图1-8所示。

绘制大幅面图纸时，三角板尽量选取大尺寸，以利于较长竖直线段一次性绘制完成，减少多次衔接带来的误差；绘制局部细节小尺度图纸时，宜选用小号三角板，工具小巧轻便，利于提高速度。

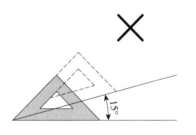

组合使用时，应避免尺规竖向上下叠加造成度量误差

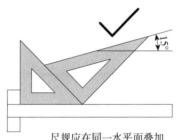

尺规应在同一水平面叠加

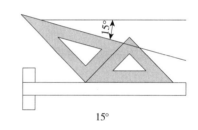

15°

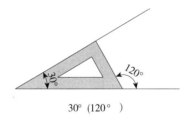

30°（120°）

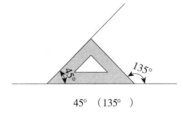

45°（135°）

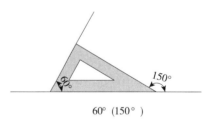

60°（150°）

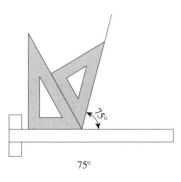

75°

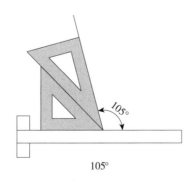

105°

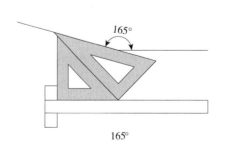

165°

● 图1-7 三角板的组合

1.4.4　铅笔

绘图铅笔根据铅芯中石墨和黏土的比例不同，其软硬度、着色度会有不同，分为 H 类（Hard 硬）和 B 类（Back 黑）。H 类黏土含量高，偏硬，数值越高硬度越高，着色度越高；B 类石墨含量高，黑色着色度较好，质软，数值越高，图线越黑，铅芯越软。应选用专用的绘图铅笔或自动铅笔，注意铅芯的选择应根据不同类型的图纸进行更换。

在打底稿时，应选择硬度较高、上色较浅的 H、2H、3H 类；正图中加深图线时需采用硬度及着色度适中的 HB、B、2B，色重、线条明确。在绘制正图时，应避免使用铅芯过软的数值，宜采用 3B 及以上的规格，过软过浓重的线条，容易破坏图纸的整洁度；也应避免使用 2H 及以上规格，过硬过浅的图线，无法清晰展现图纸的重要部分。

当一张图纸只用铅笔表示时，务必区分底稿、正稿。打底的线条尽量下笔轻、线条痕迹纤细，略显痕迹即可；确定了的正图线条下笔要有力度，铅笔痕迹要清晰，以便明确主体、方便读图，如图 1-9 所示。

使用铅笔绘制直线时，尽量在绘制过程中慢慢旋转笔身，以保持整体线条的均匀。

当选取自动铅笔制图时，仍要遵守如上原则，同时由于铅芯宽度已确定，可参考表 1-2 进行图纸绘制。

不同铅芯的适用范围　　　表 1-2

铅芯宽度	铅芯硬度	适用范围
0.3	HB	底稿线，正图淡显类线，如：填充、家具等
0.5	B	正图细线，如：台阶、文字、尺寸等
0.7	2B	正图粗线，剖切线、红线等

1.4.5　绘图墨水笔——针管笔

针管笔可绘制出粗细均匀的线条，多用于绘制正图（图 1-10）。笔头是中空钢制圆环，里面藏着一条活动细钢针，上下摆动针管笔，能及时清除堵塞笔头的纸纤维。针管笔型号的选择应按照 0.1、0.3、0.5、0.7 或 0.2、0.4、0.6、0.8 等跃层级选择，以增强不同规格图线的辨识度。

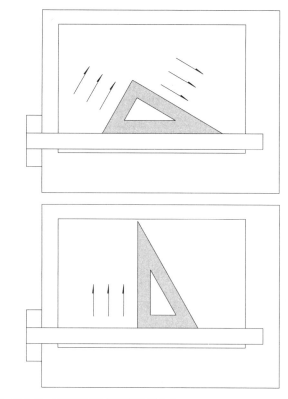

● 图 1-8　使用三角板的图线绘制方向

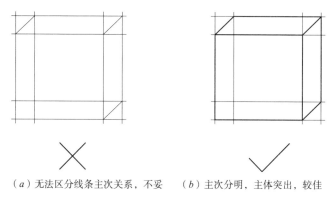

（a）无法区分线条主次关系，不妥　　（b）主次分明，主体突出，较佳

● 图 1-9　铅笔线的搭配使用

● 图 1-10　绘图墨笔

由于针管笔的特殊构造，绘图时应注意以下几点：

（1）笔头与纸面的角度尽量接近垂直，绘图过程中该笔尖倾角尽量保持一致，不能迅速改变笔尖倾角，以免折弯笔针。

（2）绘图从左到右，从上到下，避免未干墨水被尺规擦到。

（3）先绘制曲线，再绘制直线，便于连接。

（4）先主体后标注，逻辑清晰，不易遗漏。

（5）漏画之处，待周边墨汁干后补画；错画之处待墨汁干后，用刀片割除。

（6）较粗线条需多次绘制时，应做好定位，先绘制边界，再绘制中间部分。

（7）绘制速度保持均匀，以免造成针管笔出水量不同而影响线条的均匀度；用较粗的针管笔作图时，落笔及收笔要迅速，均不应有停顿，以免漏墨。

（8）最后加粗边框，写标题及图签。

（9）避免笔头触碰坚硬物体。当笔头被堵塞时，用热水浸泡软化干墨，长期不用应清洗干净保存。

1.4.6　圆规与分规

圆规用于工程制图中圆及圆弧的绘制。圆规一端安置钢针，有台肩的针尖应在圆心处，用于固定圆心孔；圆规另一端配有各类插件，用于绘制铅笔线条、墨线条，或插接延伸件、分轨针（图1-11）。

绘制圆时应注意：

（1）固定在圆心的针脚应调整至垂直于纸面的角度，以防在圆规转动过程中，固定的针脚出现移动、扩大圆心。

（2）绘制圆的笔尖也调整至与纸面垂直，以防绘制过程中圆规因受力改变半径。

（3）绘制圆时，圆规略微向行进方向倾斜，通过圆规自身重力引导针脚前进，完成圆的绘制。

1.4.7　擦图片

擦图片用于修改图线，材质多为不锈钢薄片，如图1-12所示。使用时，将需要擦除的部分按照形状特征放入擦图片相应孔位，紧按擦图片以防滑动，再用橡皮擦拭，可避免擦除相邻线条。

1.4.8　各类模板

制图中为提高制图速度及质量，统一图纸中的符号、图例等会运用到制图模板中。常用的制图模板有：圆模板、椭圆模板、1∶50家具模板、1∶100家具模板、曲线板，如图1-13所示。

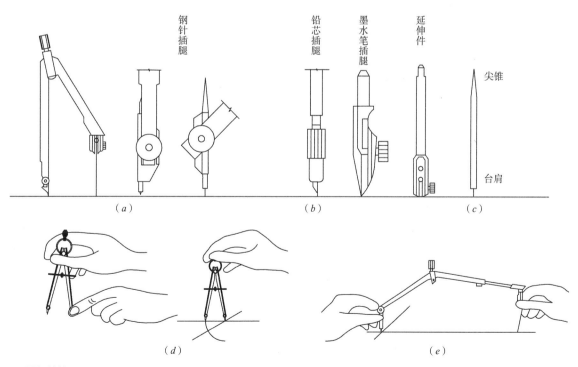

● 图1-11　圆规的使用

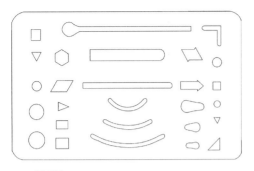

● 图 1-12　擦图片

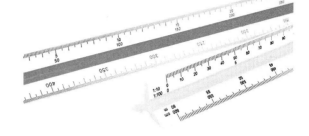

● 图 1-14　比例尺

1.4.9　比例尺

建筑设计的图纸是根据建筑物真实尺寸按照一定比例进行缩小绘制而成的，例如 1 : 100 比例的意义是图上 1m 相当于实际 100m。建筑及规划设计中，从规划方案到建筑构件大样的设计图纸中会用到 1 : 25000~1 : 5 等比例，其中不乏 1 : 300、1 : 25 等难以计算的比例，降低了绘图速度。为了迅速转换实际尺寸与图纸尺寸，避免烦琐的比例计算，我们采用比例尺，如图 1-14 所示。

比例尺有三棱尺和直尺两种形式，尺中刻度标识的数值，就是图纸中该段长度所对应的实际尺寸。

如 1 : 100 的比例尺中，显示 10m 的位置，表示图纸中该段长度对应实际尺寸的 10m 长度。

绘图中，应根据设计图的类型选择相应的比例尺：绘制详图一般选用 1 : 10~1 : 75 段的比例尺；绘制大样图一般选用 1 : 20~1 : 125 段的比例尺；建筑的单体设计图一般选用 1 : 100~1 : 500 段的比例尺；规划图一般选用 1 : 500~1 : 2500 段的比例尺。为制图方便，像 1 : 10 与 1 : 100、或 1 : 25 与 1 : 2500 这样以 10 为倍数的比例，我们可通过同一把尺子，简单换算就能通用。

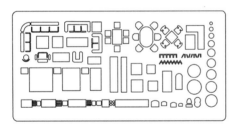

（a）1 : 100 家具模板

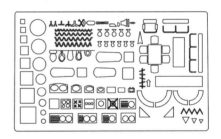

（b）1 : 50 家具模板

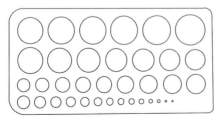

（c）字规

（d）圆模板　　　　　　　　（e）曲线板

● 图 1-13　各类模板

1.5　快速设计常用工具

1.5.1　平行尺

作为快速制图的工具，平行尺（图1-15）是通过尺身底部圆柱形滚轮的滚动，带动尺身平行移动，达到可以迅速画出平行线的效果。但由于滚轮两端在推动过程中用力并非完全均衡，长距离的平行线会有误差，因此平行尺多用于非高精度作图，如快速方案绘图、方案草图等。方案设计正图及施工图等则不能使用。

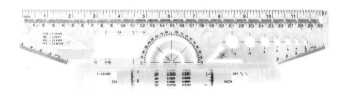

● 图1-15　平行尺

1.5.2　一次性针管笔

一次性针管笔笔尖由非金属硬性材质组成，方便携带，不漏墨，但由于笔尖材质非金属，有一定的柔韧性，会因用力不同而线型粗细不均匀。因此，一次性针管笔仅适用于方案快速草图、速写等图纸，不能用于精度要求较高的建筑设计正图绘制。

1.6　图纸绘制要点

图纸的绘制过程，要有一定的顺序及方法，才能快速、准确、美观地展现设计图纸：

（1）先有底稿，再上墨线。

（2）靠近尺边，与纸角度保持一致，速度均匀不停笔。

（3）长线分几次画，应注意接头准确、圆滑。

（4）粗线可分几次绘制，先画边界以控制范围，控制边界直挺，再填实内部。

图纸应将底稿线与正图线加以区分。底稿要用较硬的铅笔，如2H、3H，用力轻，笔触细，铅色浅（图1-16a）；加深需用B、2B，力度较大，笔触重，铅色清晰浓重，与底稿区分明确（图1-16b）。由于墨水笔头为圆形，绘制粗线条边界时会出现钝角交接，此时需用细线压边，以保持边界明晰（图1-16c）。

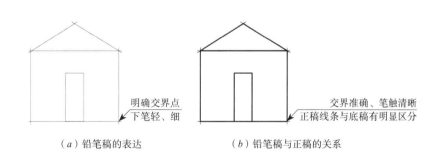

（a）铅笔稿的表达　　　　　　（b）铅笔稿与正稿的关系

（c）墨线正稿的表达

● 图1-16　铅笔线与墨线的图面表达

【课堂练习】工具使用基本练习（A3 图幅）

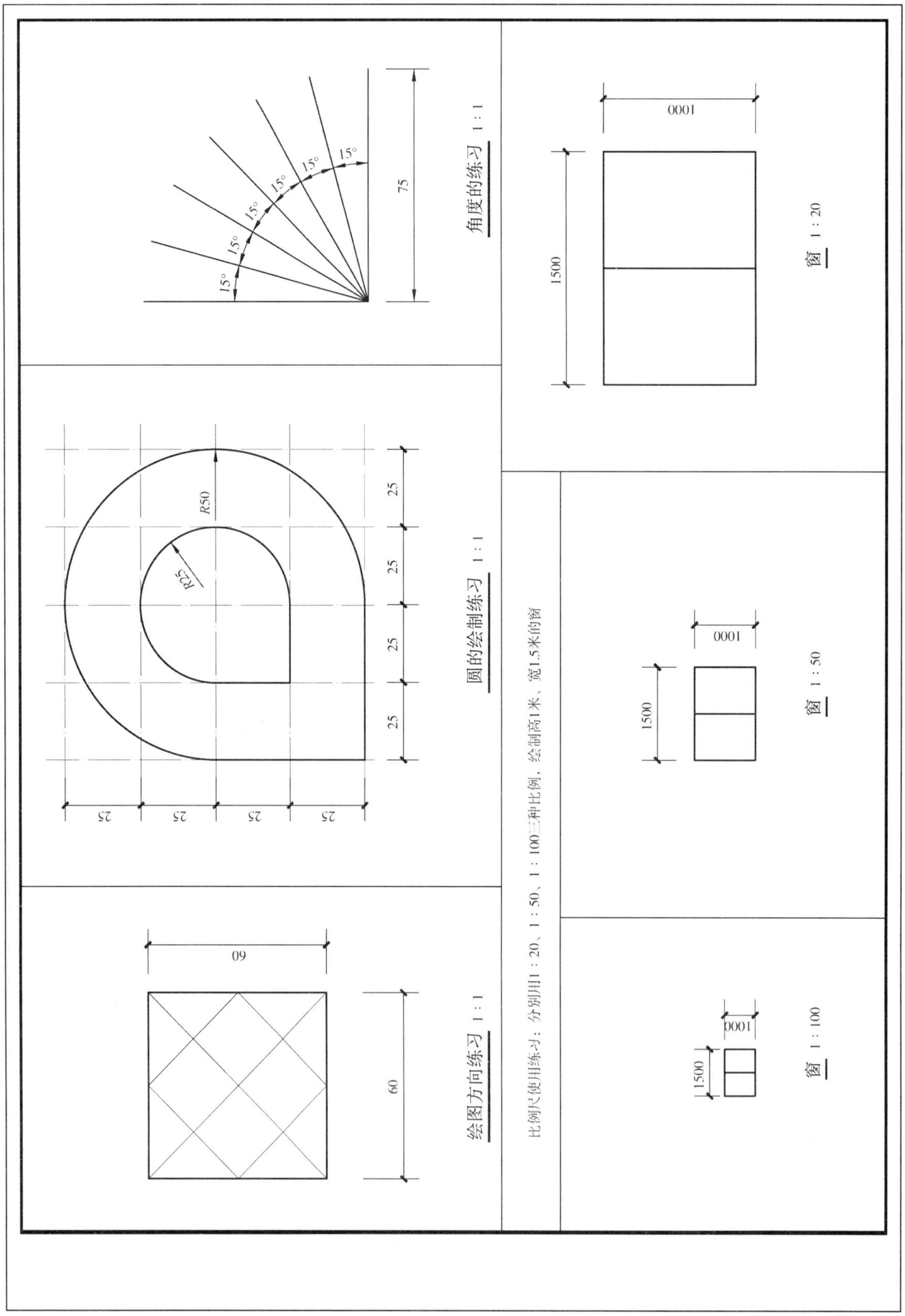

15°
15°
15°
15°
15°
15°

75

角度的练习 1：1

1000

1500

窗 1：20

R50

R25

25

25

25

25

25

25

25

25

圆的绘制练习 1：1

比例尺使用练习：分别用1：20、1：50、1：100三种比例，绘制高1米、宽1.5米的窗

1000

1500

窗 1：50

60

60

绘图方向练习 1：1

1000

1500

窗 1：100

第2章 图纸基本知识

2.1 图纸常识

2.1.1 图纸幅面

图纸的种类较多，根据出图需求不同，可选取不同类型的纸张。一般草图使用硫酸纸或拷贝纸，正图使用绘图纸或卡纸等。宜选取质地厚、硬、表面光滑、平整且不易晕染的纸张作为正图用纸。

图纸幅面是指图纸宽度与长度组成的图面，简称图幅。我国使用的纸张是国际标准化组织（ISO 216）标准，根据国家规范《印刷、书写和绘图纸幅面尺寸》GB/T 148—1997，幅面规格分为 A 系列、B 系列和 C 系列。土建工程系列图纸一般使用 A 系列（表 2-1），以 A0 为基准，对开裁切而成（图 2-1）：

需要微缩复制的图纸，其一个边上应附有一段准确米制尺度，四个边上均应附有对中标志。对中标志应画在图纸内框各边长的中心点，线宽为 0.35mm，并应伸入内框边，在框外应为 5mm。

图纸的短边尺寸不应加长，A0~A3 幅面长边尺寸可加长，但应符合《房屋建筑制图统一标准》GT/T 50001—2017 的要求。

一个工程设计中，每个专业所使用的图纸，不宜多于两种幅面（不含目录及表格所采用的 A4 幅面）。

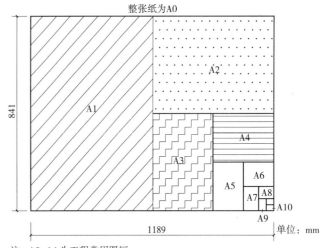

注：A0~A4 为工程常用图幅。

● 图 2-1 图纸幅面形成示意图

2.1.2 图纸边框及标题栏

横版图纸：短边作为垂直边。立版图纸：长边作为垂直边。立版图纸即为横版图纸顺时针旋转 90°，工程制图中的图形、标注等方向，也应与图纸方向保持一致，即：水平方向和顺时针旋转 90°。A0~A3 图纸一般以横版使用居多。学生作业的标题栏可参考图 2-2。横版与竖版图纸的边框及标题栏、图框线与图面线宽度 c、装订线 a 位置与数值如图 2-3 所示。

图纸尺寸   表 2-1

幅面代号	4A0	2A0	A0	A1	A2	A3	A4
幅面短边 b	1682	1189	841	594	420	297	210
幅面长边 l	2378	1682	1189	841	594	420	297
幅面代号	A5	A6	A7	A8	A9	A10	
幅面短边 b	148	105	74	52	37	26	
幅面长边 l	210	148	105	74	52	37	

注：1. 单位：mm。
    2. A4~A0 为土建工程出图常用尺寸。

● 图2-2　学生作业的标题栏

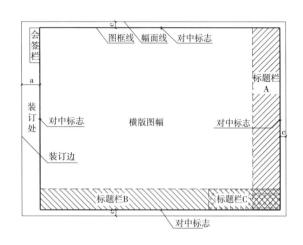

幅面	尺寸代号	
	c	a
A0		
A1	10	
A2		25
A3	5	
A4		

图框尺寸（mm）

▨ 标题栏A所在区域
▧ 标题栏B所在区域
▽ 标题栏C所在区域

注：标题栏根据需要
可在A、B、C三处选其一

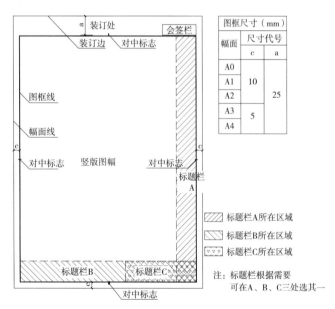

● 图2-3　图纸边框及标题栏

2.1.3　图纸编排顺序

　　工程图纸应按专业顺序编排，如目录、设计说明、总图、建筑图、结构图、给水排水图、暖通空调图、电气图等。图纸应按图纸内容的主次关系、逻辑关系进行分类，做到有序排列。

2.1.4　图面的排版

　　设计图纸应注意排版的均衡，做到图面左右、上下均匀，图面重心居中，不偏不倚，如图2-4所示。

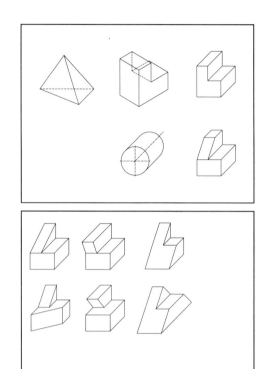

（a）偏于图面一侧，不妥

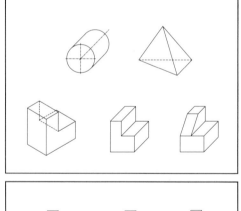

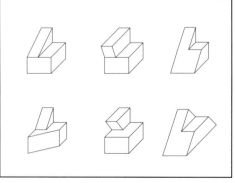

（b）图面均衡，较佳

● 图2-4　图面排版

2.2　图名和比例

2.2.1　图名

设计图纸的图名一般位于图纸正下方，并在右侧配以出图比例，图名与比例的文字应在同一基准线上（图2-5）。

2.2.2　比例

比例是图中图形与其实物相应要素的线性尺寸之比：

图纸比例 = 图面尺寸 : 实际尺寸

以阿拉伯数字表示，符号为"："，其高宜比图名的字高小一号或两号（图2-5），详图的比例应写在详图索引标志的右下角。

漫谷小区总平面图 1 : 500 　①1 : 20

● 图2-5　图名及比例的注写

图纸比例分母越小，比例越大，图样越大，表达越细致；反之，图纸比例分母越大，比例越小，图样也越小，表达更宏观。

建筑工程图纸均应按照比例进行绘制，建筑图纸比例详见"第10章的10.1比例"。

2.3　图线

图线是起点和终点间以任何方式连接的一种几何图形，形状可以是直线或曲线，连续线或不连续线。建筑设计图纸是由不同的图线组成的，为了能使图面清晰、易读，重点突出，图线被赋予不同宽度和形式以表达不同的意义。

图纸中通过区分不同的线宽和线型，才能够非常清晰地将设计内容展现出来。

2.3.1　线宽

根据图面表达的主次关系及特殊提示等，通过不同的线宽进行区分。

手绘铅笔制图的线宽，通过铅笔笔芯型号的选择和下笔力度进行控制，底稿的细线，需要H、2H等稍硬的笔芯，绘制时下笔应较轻；正图的粗线条需要HB、B、2B等略软质的笔芯，同时配有一定的下笔力度，以清晰展现图面重点。手绘墨线笔，应在绘图前根据图幅大小，选好墨水笔型号组。

计算机辅助制图，则应统一调好各类色号的线型宽度，如表2-2所列。

不同工具的线型宽度（单位：mm）　表2-2

	铅笔图	墨水笔图	电脑出图
线型的选配	── B，力度大 ── HB，中力度 ── 2H，力度小	── 0.7 ── 0.5 ── 0.3 ── 0.1	── 0.7 ── 0.5 ── 0.35 ── 0.18 ── 0.1，80%淡显

线型越宽，在图纸中越突出，越容易被读取，因此，一般将重点强调部分加粗，以利于图纸重要内容的表达。图2-6是某个楼梯的剖面图，剖面图的重点是展现被剖切部分，因此将剖切面边缘线加粗以突出图面重点，其余的线型相对降低等级，以中粗或细线表示，这样整个图面层次就会非常清晰，剖面图的重点一目了然。

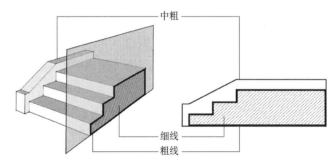

中粗

细线
粗线

● 图2-6　通过粗细线型突出图面重点

绘制一套图纸初始，首先要确定线宽组，设图线的基本线宽为b，根据图纸比例及图纸性质，b的值可以从1.4mm、1.0mm、0.7mm、0.5mm线宽系列中选取。然后，整套图纸以b值为基准，进行分配线宽组，如表2-3所列。

同一张图纸内，相同比例的各图样应选用相同的线宽组。

图纸的图框和标题栏可采用表2-4的线宽。

线宽组（单位：mm） 表2-3

线宽比	线宽组			
b	1.4	1.0	0.7	0.5
$0.7b$	1.0	0.7	0.5	0.35
$0.5b$	0.7	0.5	0.35	0.25
$0.25b$	0.35	0.25	0.18	0.13

注：1. 需要缩微的图纸，不宜采用0.18mm及更细的线宽。
2. 同一张图纸内，各不同线宽中的细线，可统一采用较细的线宽组的细线。

图框和标题栏线的宽度（单位：mm） 表2-4

幅面代号	图框线	标题栏、外框线、对中标志	标题栏分格栏、幅面线
A0、A1	b	$0.5b$	$0.25b$
A2、A3、A4	b	$0.7b$	$0.35b$

2.3.2 线型

2.3.2.1 线型的含义

在采用线宽来强调图面重点的基础上，通过线型变化来传达具体图示的含义。一般来说，表达实物的可见线为实线，被遮挡、投射线、预留物轮廓线等为虚线（图2-7a）；各类界线、轴线、对称线等为点划线（图2-7b）；根据不同图面意义的表达还有折断线、波浪线、云线等，结合各专业表达图样不同，配以不同的线宽，便可以表达丰富的设计图纸了。工程建设制图的图线线型种类及相应线宽，应选用所示的标准。

有关建筑工程的图线具体介绍，详见"第2.3图线"。

2.3.2.2 线型画法

虚线、单点长划线或双点长划线的线段长度、间隔宜各自相等：虚线的短划长为3~6mm，间隔为0.5~1mm；单（双）点划线的长划长为15~20mm，点并非圆点，而是短划线，长为0.5~1mm，单点划线的长划线之间间隔为1.5~3mm，双点划线长划线之间间距为2.5~5mm，短划线在间隔内均分。

2.3.2.3 线型之间关系

（1）单点长划线或双点长划线在较小图形中绘制有困难时，可用实线代替。

（2）单点（双点）长划线两端应采用划线，而非点。

（3）点划线与任意图线交接时，应采用线段交接，不能使用点接或空隙。

（4）虚线与虚线交接或与其他图线交接时，也应采用线段交接；但要注意，当虚线作为实线的延长线时，不得与实线相接（图2-8）。

（5）图线不得与文字、数字或符号重叠、混淆，不可避免时，应首先保证文字的清晰。

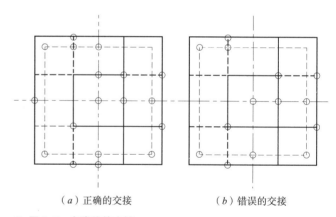

（a）正确的交接　　　　（b）错误的交接

● 图2-8 各类线的交接

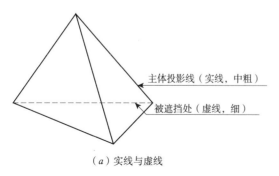

（a）实线与虚线

主体投影线（实线，中粗）
被遮挡处（虚线，细）

● 图2-7

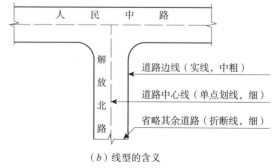

人 民 中 路

解放北路

道路边线（实线，中粗）
道路中心线（单点划线，细）
省略其余道路（折断线，细）

（b）线型的含义

2.4　工程字体

一套完整的工程设计图纸，除了用各类图线表示外，还需要配备必要的工程字以注释说明，才能清晰表达设计的细节。工程图纸中的文字包括汉字、数字、字母等，书写需统一格式、端正、清晰，以方便辨认，避免潦草被误解而造成工程事故，因此在书写时需要统一字体。

字体（font）就是指文字的风格式样，又称书体。工程字体的选择根据出图方式和文字类型的不同，有不同的选择。

2.4.1　手绘图的字体注意事项

手绘图纸的字体在书写前应先打好字格，行距需大于字距，长仿宋字的高宽比宜为1∶0.7，书写字体时应横平竖直、起落有力、字体满格，如图2-9所示。

2.4.2　电脑出图字体注意事项

电脑出图的文字宜优先采用True type字体中的宋体字形，采用矢量字体时应为长仿宋体字体，高宽比一般为1∶0.7；非矢量字体高宽比为1∶1。

图样及说明中的字母、数字，宜优先采用True type字体中的Roman字体，字高不应小于2.5mm。

大标题、图册封面、地形图等的汉字，也可书写成其他字体，但应易于辨认，其高宽比宜为1∶1。打印的字体线宽宜设为0.25~0.35mm。

2.4.3　字体高宽比

无论手绘还是电脑出图，同一图纸字体种类都不应超过两种，且图纸字体的高度应符合表2-5的

字高及字宽（单位：mm）　表2-5

字体种类	汉字矢量字体						True type 字体及非汉字矢量字体						
字高	3.5	5	7	10	14	20	3	4	5	8	10	14	20
字宽	2.5	3.5	5	7	10	14	3	4	5	8	10	14	20

规定。高度大于10mm的文字宜采用True type字体，如需更大字体，其高度应按照$\sqrt{2}$的倍数递增。

文字编排规则应符合表2-6的规定。字母及数字写成斜体字时，斜度应是从字的底线逆时针向上倾斜75°。斜体字的高度和宽度应与相应的直体字相等。

字母及数字的书写规则　表2-6

书写格式	字体	窄字体
大写字母高度	h	h
小写字母高度（上下均无延伸）	7/10h	10/14h
小写字母伸出的头部或尾部	3/10h	40/14h
笔画宽度	1/10h	10/14h
字母间距	2/10h	20/14h
上下行基准线的最小间距	15/10h	210/14h
词间距	6/10h	60/14h

2.4.4　文字分级

同一套图纸中的文字应有级别之分，不同级别的字体字号要有明显的差异，以便于快速筛选及读取信息。同一级别的字体应统一大小。同时，由于工程图纸中信息量较大，为使图面美观、易读，同一张图纸在标注文字时，在条件允许的情况下，应尽量保持水平、垂直方向上下统一，边界一致（图2-10）。

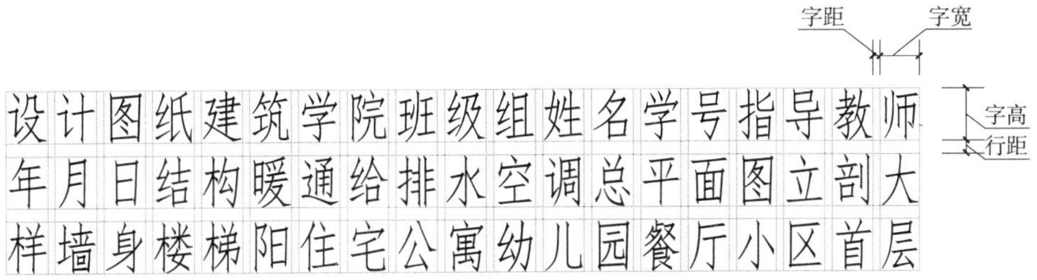

设计图纸建筑学院班级组姓名学号指导教师
年月日结构暖通给排水空调总平面图立剖大
样墙身楼梯阳住宅公寓幼儿园餐厅小区首层

● 图2-9　手绘图的字体

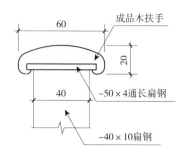

楼梯扶手 1:2

预埋件扁钢与锚筋以及
栏杆与预埋件扁钢均为
围焊，焊缝高度6mm

（a）文字信息清晰，较妥

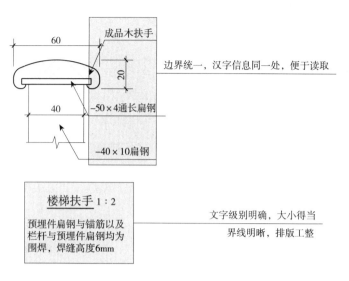

楼梯扶手 1:2

预埋件扁钢与锚筋以及
栏杆与预埋件扁钢均为
围焊，焊缝高度6mm

（b）优秀排版分析

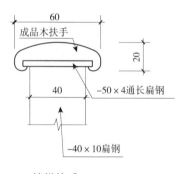

楼梯扶手 1:2

预埋件扁钢与锚筋以及栏杆与
预埋件扁钢均为围焊，焊缝高度6mm

（c）文字信息混乱，不佳

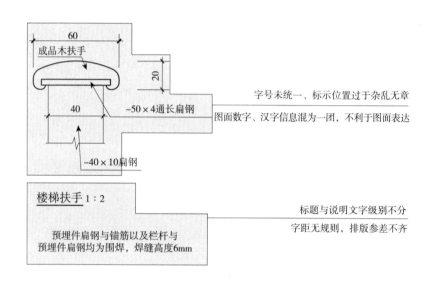

楼梯扶手 1:2

预埋件扁钢与锚筋以及栏杆与
预埋件扁钢均为围焊，焊缝高度6mm

（d）排版不佳分析

● 图 2-10　文字的级别和编排方式

[课堂练习] 图线、文字、比例的练习（A4 图幅）。

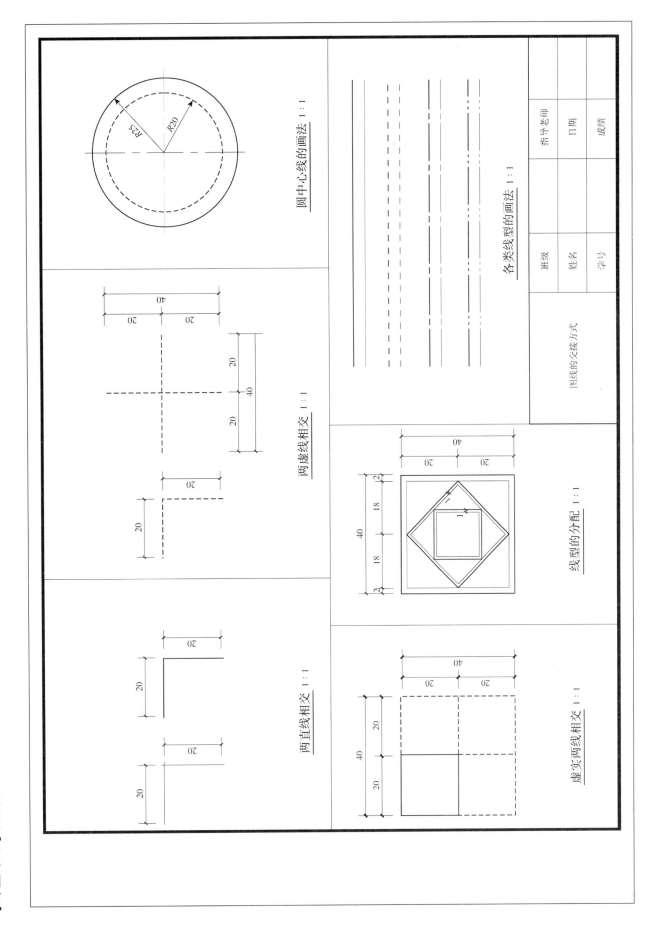

第3章　工程常用的几何作图基本原理

一套建筑设计工程图纸，是由不同线段、弧线、圆、椭圆、多边形等几何形构成的，熟悉这些几何基本形的构成原理及基本绘制方法，可以快速、准确地绘制出设计图纸。

建筑制图中的几何作图是按照设计模型画出所需平面图形的过程，是设计人员必备的基本技能之一。

3.1　基本形的几何原理及要点

制图中常用的基本几何形体及其绘制要点，如表 3-1 所列。

3.2　分割线段或图形

3.2.1　二等分线段

【例】二等分线段 *AB*（图 3-1）。

方法一：三角板分别过两端点 *A*、*B* 作对称的同角度斜线交于一点，过交点作线段 *AB* 的垂线，交点即二等分点。

方法二：分别过 *A*、*B* 两点作两相等半径圆弧交于一点，过该点作 *AB* 垂线，交点即二等分点。

3.2.2　多等分线段

【例】平分线段七等分（图 3-2）。

几何形体及其绘制要点　　　　　　　　　　　　　　表 3-1

名称	常见图样	几何特征及建筑设计应用、绘图要点
角	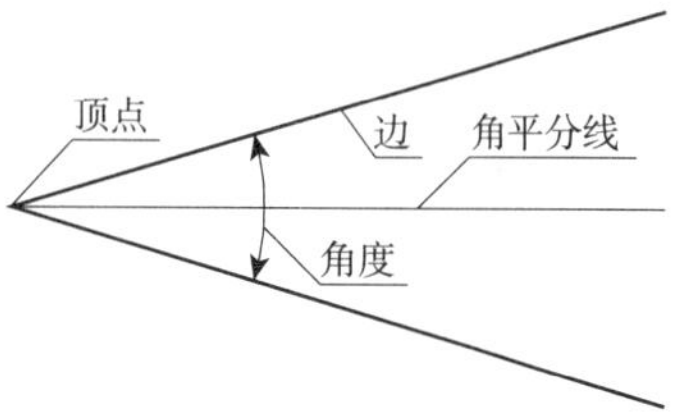	设计中经常出现各种不同的角度，遇到非 90° 交角时应确定角度的顶点，并注明角度，以便施工定位。 角平分线常用在同坡屋面的斜脊中
坡度	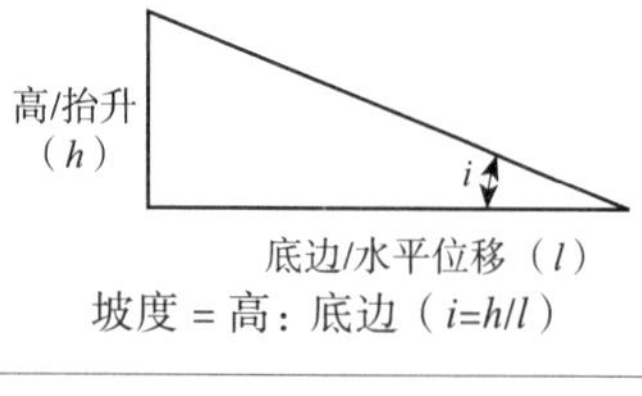	设计中坡度用 *i* 表示，其表示方法有百分比法、分数法（或比值法）、度数法、密位法四种。 坡道的坡度一般用比值法和百分比，如：室内坡道坡度不宜大于 1：8；基地地面坡度不应小于 0.2%。 排水坡度一般用百分比法表示，如平瓦屋面排水坡在 20%~50% 范围。 坡屋面的倾斜角度用度数法表示，如新建住房坡屋面角度为 30°
垂线	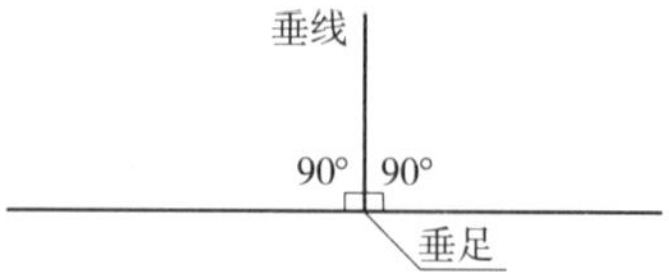	直角是工程图纸中最常用的角度，无特殊情况一般无须标注角度。墙角、方柱角、建筑外轮廓等角度大多为直角。绘制时需明确垂足位置，以便工程标注及定位需要
平行线	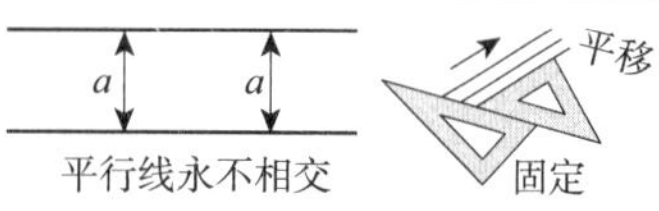	图面中非水平线、垂线的平行线组，如立剖面中的梯段、坡道等，手绘图中需要利用三角板搭配绘制

名称	常见图样	几何特征及建筑设计应用、绘图要点
三角形		等腰三角形常用在坡屋面的展开面中，计算坡屋面的表面积，等腰三角形面积为 $s=\dfrac{1}{2}ah$
四边形	矩形、菱形是特殊的平行四边形	矩形是设计中最常用的基本几何形，四角均为90°，角平分线互相平分。正方形作为特殊的矩形，四边相等，角平分线互相垂直且均分，角平分线与正方形边呈45°。 矩形平面在施工中，定位两个对角点即可定位；在立面中设计中，需要底边和高度两个数据得以确定形态。等腰梯形常出现在坡屋面的展开面中，面积为 $s=\dfrac{1}{2}(a+b)h$
多边形		绘制正多边形时可先绘制其外接圆或内切圆。应注意圆心到切点的距离与内切圆半径、外接圆半径与圆心到多边形顶点等的关系。明确多边形各角点定位
椭圆形		椭圆上任一点到两角点距离之和等于长轴，即 $F_1+F_2=AB$。长轴与短轴相互垂直且平分

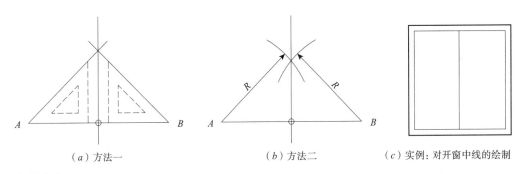

（a）方法一　　　　　　（b）方法二　　　　　（c）实例：对开窗中线的绘制

● 图3-1

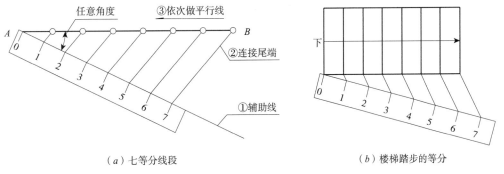

（a）七等分线段　　　　　　　　　　（b）楼梯踏步的等分

● 图3-2

作法：作辅助线与 *AB* 呈任意锐角，以直尺刻度为基准找出七份均等、连续线段，将连续等分线段的起点 *O* 与 *A* 重合、尾端 7 与点 *B* 连线，依次经过 6、5、4……作该连线的平行线与 *AB* 的交点，即七等分点。

3.2.3　快速三等分矩形

【例】三等分已知矩形（图 3-3）。

（a）连接矩形两对角线、连接长边中点 *O* 与矩形顶点 *A*、*B*，四线交于 *a*、*b* 两点。

（b）过 *a*、*b* 作 *AB* 垂线与矩形两边的交点，即可三等分矩形。

由此可继而作六等分、九等分。工程中窗棂的分割、地砖铺砌设计图样时等均可采用此方法。

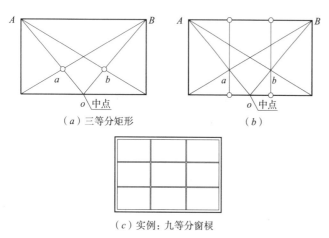

（a）三等分矩形　　　　　（b）

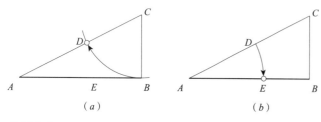

（c）实例：九等分窗棂

● 图 3-3

3.2.4　黄金分割

【例】求 *AB* 的黄金分割点（图 3-4）。

（a）过 *B* 作 *AB* 垂线 *BC*，且 $BC=\dfrac{1}{2}AB$，连接 *AC*，在 *AC* 上作 *CD=CB*。

（b）在 *AB* 上作 *AE=AD*，此时点 *E* 就是线段 *AB* 的黄金分割点。

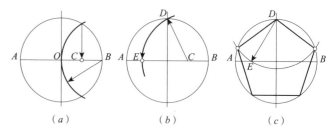

（a）　　　　　　　　（b）

● 图 3-4

3.3　正多边形的绘制

建筑设计中的建筑物单体（如联合国五角大楼），单元房间（如音乐厅、多功能娱乐厅），各类设计样式（如开窗、铺装）等都用到正多边形，设计中通常限定该正多边形的外边界轮廓线，在轮廓线内作正多边形，常用的手法有作圆的内接正多边形、正方形的内接正多边形等。

3.3.1　正五边形、正十边形

【例1】已知外接圆，做圆的内接正五边形（图 3-5），步骤如下：

（a）作出 *BO* 的中点 *C*。

（b）以 *C* 为圆心、*CD* 为半径，作弧交 *AB* 于点 *E*。

（c）以 *D* 为圆心、*DE* 为半径，作弧交圆于两点，*D* 与该两点为内接五边形的三个连续顶点；对称作出其他顶点。

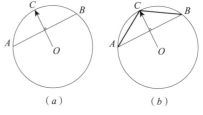

（a）　　　　　（b）　　　　　（c）

● 图 3-5

【例2】过弧 *AB* 作出两条相等的弦（图 3-6）。

（a）过圆心 *O* 作 *AB* 垂线交圆于点 *C*，*OC* 垂直平分弦 *AB*，则点 *C* 平分弧 *AB*。

（b）连接 *AC*、*BC*，则 *AC=BC*。

根据此题结论，我们可以通过作出圆的内接正五边形，得出圆内接正十边形、正二十边形……通

● 图 3-6

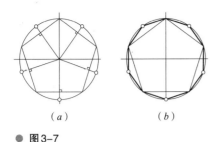

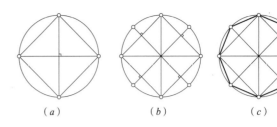

● 图3-7

● 图3-9

过作出圆的内接正三边形，得出圆内接正六边形、正十二边形……

【例3】正十边形的做法（图3-7）。

（a）在正五边形基础上，过外接圆心作各边垂线与外接圆交点，即正十边形顶点。

（b）连接十个顶点即正十边形。

3.3.2 正六边形

【例】作已知圆的内接正六边形（图3-8）。

根据六边形的几何特征，其中心点到顶点的距离等于圆的半径，具体步骤如下：

（a）过圆心作直径 AB，过点 A 以 OA 为半径画弧交圆于 C、D 两点。

（b）分别过 C、D 以 OA 为半径画弧，交圆于 E、F 两点。

（c）连接圆上各点，得出圆内接正六边形。

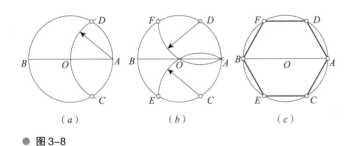

● 图3-8

3.3.3 正八边形

正八边形在设计中应用较为广泛，如塔、入口门厅、屋面穹顶天窗造型、景观建筑中的花窗、八角凉亭等。通过作圆的内接正方形来求得正八边形是最方便的途径。

【例】已知外接圆，求正八边形（图3-9）。

（a）先通过相互垂直的直径，作出内接正四边形。

（b）过圆心作四边形各边垂线，并与圆相交。

（c）连接与圆相交的各点，即圆内接正八边形。

3.4 两线相交

3.4.1 两条直线倒圆角

平行线端的倒圆角

设计中常会遇到拱形屋面、拱形窗、车行道绿化带半圆形端部等用半圆连接两平行线的案例，当遇到该种类型作图时，可根据平行线距离及确定连接点位置，通过画圆取得。

【例1】已知两平行线，用圆弧连接平行线端部，使图形圆滑过渡（图3-10）。

（a）连接平行线端点 AB，作 AB 垂直平分线交于中点 O。

（b）以 O 为圆心，OA 为半径画弧，即为两平行线相连的半圆。

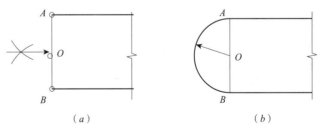

● 图3-10

【例2】已知两相交直线，及半径 R，求作半径为 R 的圆弧与两直线相连接（图3-11）。

（a）作距离直线 a、b 为 R 的平行线 a_1、b_1，交于点 O。

（b）过 O 点作半径为 R 的弧与 a、b 连接。

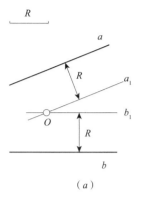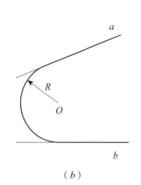

●图 3-11

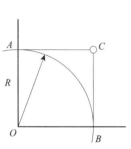

●图 3-12

【例3】已知两垂直交线及半径 R，求作半径为 R 的圆弧与两直线相连接（图 3-12）。

（a）以 O 为圆心作半径为 R 的圆，交两垂直线于 A、B 两点，以 OA、OB 为两边作正方形，得另一顶点 C。

（b）以 C 为圆心、R 为半径与两垂线相交。

3.4.2　线与圆弧用弧连接
3.4.2.1　连接弧与已知弧反向

【例】已知以 O_1 为圆心的一段圆弧和直线 L，求作以半径为 R_2 的圆弧连接已知圆 O_1 和直线 L（图 3-13）。

解析：首先判断，连接弧的方向与已知弧的方向相反，因此，连接弧的圆心在已知圆的外侧，连接弧与已知弧的圆心距离是 R_1+R_2。

（a）作距离 L 为 R_2 的平行线 L_1，以 O_1 为圆心

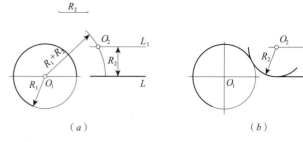

●图 3-13

作半径为 R_1+R_2 的圆弧交 L_1 为 O_2。

（b）以 O_2 为圆心作半径为 R_2 的圆弧与已知弧、直线相切。

3.4.2.2　连接弧与已知弧同向

【例】已知以 O_1 为圆心的一段圆弧与直线 L，求作以 R_2 为半径的圆弧连接已知圆弧与直线（图 3-14）。

解析：首先判断，需要求作的圆弧与已知圆弧连接后同向，因此，两个圆弧对应的两个圆心直接距离是 R_2+R_1。

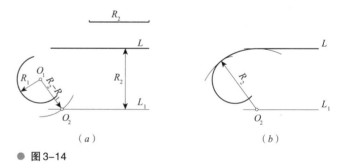

●图 3-14

（a）作距离 L 为 R_2 的平行线 L_1，以 O_1 为圆心作半径长度为 R_2-R_1 的圆弧交 L_1 为 O_2。

（b）以 O_2 为圆心作半径为 R_2 的圆弧与已知弧、直线相切。

3.4.3　两个圆弧用弧连接
3.4.3.1　连接弧与已知弧同向

【例】已知分别以 O_1、O_2 为圆心、R_1、R_2 为半径的两段圆弧，求作以 R_3 为半径的圆弧连接已知两圆弧。

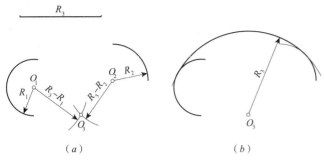

● 图 3-15

解析：首先判断求作的圆弧与已知两圆弧连接后的圆弧走向为同向，因此，新作的圆弧所在圆心分别距离 O_1、O_2 为 R_3-R_1 和 R_3-R_2（图 3-15）。

（a）分别以 O_1、O_2 为圆心作半径长度为 R_3-R_1 和 R_3-R_2 的圆弧交于点 O_3。

（b）以 O_3 为圆心作半径为 R_3 的圆弧与已知两段圆弧相切。

3.4.3.2　连接弧与已知弧反向

【例】已知分别以 O_1、O_2 为圆心，R_1、R_2 为半径的两段圆弧，求作以 R_3 为半径的圆弧连接已知圆弧。

解析：首先从 R_3 的长度较小来判断所求的圆弧位于已知圆弧所在圆之间，与已知两圆弧反向连接，因此，新作的圆弧所在圆心分别距离 O_1、O_2 应为 R_3+R_1 和 R_3+R_2（图 3-16）。

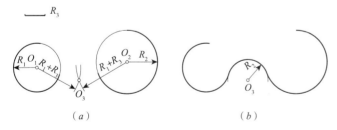

● 图 3-16

（a）分别以 O_1、O_2 为圆心作半径长度为 R_3+R_1 和 R_3+R_2 的圆弧交于点 O_3。

（b）以 O_3 为圆心作半径为 R_3 的圆弧与已知两段圆弧相切。

3.5　椭圆的绘制

3.5.1　订线法

订线法适用于大件工作，如在绿化平面布置时，所作的椭圆形花圃、草地、水池等。

【例】已知长轴 AB、短轴 CD，求作椭圆。

解析：根据椭圆特征，椭圆上任一点到两焦点距离之和等于长轴长度（图 3-17）。

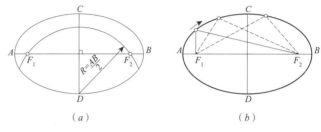

● 图 3-17

（a）找出两焦点：以短轴端点 D 为圆心，$\dfrac{AB}{2}$ 为半径画弧交 AB 于点 F_1、F_2。

（b）选取长度为 AB 的绳段，两端固定在 F_1、F_2，绳段处拉紧后滑动一周的轨迹即为椭圆。

3.5.2　同心圆法（图 3-18）

（a）作椭圆长短轴相互垂直平分 $AB \perp CD$，同时以交点为圆心分别过长短轴端点作同心圆；以"米"字形相交直线将同心圆 12 等分，并与同心圆相交。

（b）经过各交点 a、b、c、d、e、f、g、h 和 a_1、b_1、c_1、d_1、e_1、f_1、g_1、h_1 分别相向引垂线及水平线并相交，用平滑的曲线连接各角点及 A、B、C、D，得出椭圆。

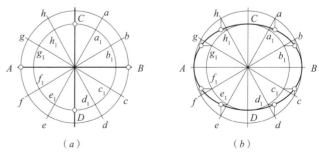

● 图 3-18

3.5.3　近似做法——四心椭圆法

已知长短轴 AB、CD 相交于点 O，以 O 为圆心经过长、短轴端点作同心圆交短轴于点 E。通过四心椭圆法作图步骤如图 3-19 所示。

（a）以 C 为圆心，CE 为半径作弧交 AC 线段于点 F；作 AF 垂直平分线分别交长、短轴于点 O_1、O_2。

（b）以 O_1 为圆心、O_1A 为半径作弧，以 O_2 为圆心、O_2C 为半径作弧，两弧相切；同理，分别以椭圆两轴为对称轴作 O_1、O_2 的对称点 O_3、O_4，同样的方法取得椭圆另外两段弧；四弧相切得出椭圆。

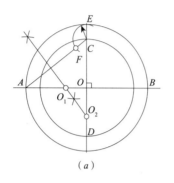
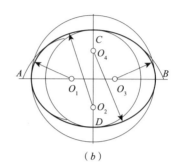

（a）　　　　　　　　　　（b）

● 图 3-19

中 篇

——投影——

第4章 投影基本概念

投影的概念贯穿于建筑工程制图的始终。

4.1 投影的引入

建筑图纸的表现目标是为读图者提供精准且易于理解的信息。当表达一个方案的时候，我们需要用最直观的形象予以展现说明。成像效果与我们平时看到的立体图形成像效果要相近，才能被读懂，从而达到沟通的目的，这就需要成像的原理与视网膜成像原理一致。

设计图纸用于记录各类工程数据信息、修改空间几何关系、计算各类数据、指导施工等情况，设计图纸的成像表达需要一种简单的方法，以便于层层拆解庞大的建筑单体，将复杂的建筑空间关系通过一种特殊的成像方法真实还原，方便专业制图及数据的记录。这时的图纸成像务必是原形态，真实、准确。

根据不同需求选取不同成像方法尤为重要，投影的概念被引入制图的同时，投影的概念贯穿于整个建筑制图的学习中。

4.2 投影的概念

生活中最常见的投影就是影子。正午，阳光普照大地，光线垂直于地面，有物体的地方就会形成影子，物体移动则影子移动（图 4-1a）；物体高低、前后平移变换位置，影子大小却保持不变。傍晚，夕阳西下，阳光斜射大地，影子会被拉长（图 4-1b）；物体高低、前后移动，影子虽移动，但大小仍不变。夜晚，灯光照射物体也会形成影子，高高的路灯在人正上方照出的影子很小，但坐在桌边时台灯照出

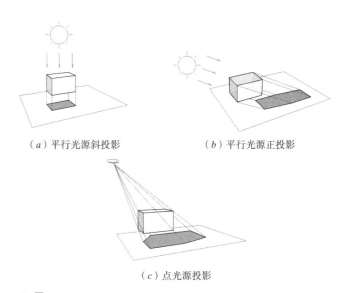

（a）平行光源斜投影　　　（b）平行光源正投影

（c）点光源投影

● 图 4-1

的影子映在墙上就会变得很大。人在房间移动，影子不仅移动，大小也会随着与光源的远近不同而产生变化（图 4-1c）。

日常接触的影子是物体与光源在投影面的同侧，此时的影子是外轮廓，没有物体细节信息，不利于工程图的表达。因此，我们假定投射线还是从物体一侧投射，物体各个细节通过投射线直接投射到接收面，这里包括三个基本要素：物体、投射线、投影面，得到的投影就可以为工程图纸所用了（图 4-2），此时是用第三角投影法[①]。

根据投射线与投影面、投射线彼此间的夹角关系，分为中心投影法和平行投影法（图 4-3）。根据投影成像反映出的是二维还是三维空间关系，分为正投影图和轴测图。其中，反映长、宽两个方向的空间关系，

---

① 由于将投影面置于物体和观察者之间的视图配置，比较符合人的观察与认知规律，同时该方法可以将视图、轴测图、透视图的投影体系统一。根据国家标准《技术制图投影法》GB/T 14692—2008 相关视角画法规定，本书以采用第三角投影（第三角画法）为主，向视图为辅。

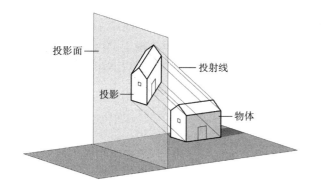

● 图4-2

属于正投影图；反映物体空间长、宽、高三个维度的关系，属于轴测图。以这三种投影方法为原型，分别借鉴到工程不同类型的图纸中（表4-1）。

4.2.1　中心投影法和透视图

投射线集聚为一点的投影方法称为中心投影法。用中心投影法将物体投射在单一投影面上所得到的图形称为透视投影或透视图。透视图有如下特征：

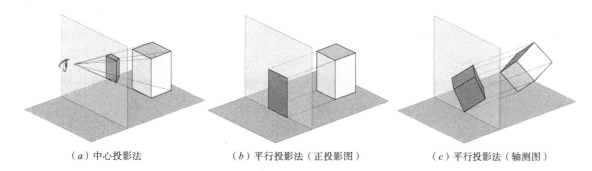

　（a）中心投影法　　　　　　　（b）平行投影法（正投影图）　　　　　（c）平行投影法（轴测图）

● 图4-3

投影法与建筑设计成像　　　　　　　　　　　　　　　　　　　　表4-1

投影方法		投射角度	成像维度及应用	成像图类型及名称		例图
投影法	平行投影法	正投影法	二维 （建筑工程的各类二维视图）	多面正投影	多面视图 （平面图、立面图、剖面图、断面图、各类大样）	
				单面正投影	地形图	
			三维 （轴测图）	单面正投影	正等轴测图 正二轴测图 正三轴测图	
		斜投影法	三维 （轴测图）	单面斜投影	斜等测、 斜二测、斜三测 正面斜轴测图 水平斜轴测图	
	中心投影法	集于一点	三维 （透视图）	单面中心投影	一点透视图 二点透视图 三点透视图	

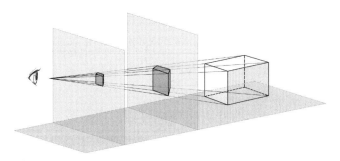

● 图 4-4

● 图 4-5　效果图展示

（1）逼真。此成像法模拟人眼成像特征，所成图像逼真、直观，易于非专业人士理解。

（2）不可度量。成像细节尺寸的比例关系与物体原尺寸的比例关系不同，因此该成像不可度量。

（3）变量因素过多：接收面的位置、投射点位置均影响成像。投影面与物体之间的距离发生变化，相对投射中心与投影面相对距离也发生变化，成像大小随之变化。如图 4-4，随着投影面向投射中心移动，投影会越来越小。

中心投影的直观、逼真成像，对建筑设计形体表达非常有利，工程设计中的透视图就是利用这一原理，用于展现设计成果，易于理解。但由于其不可度量的特征，不用于设计尺寸的标注但可以指导工程深化及施工（图 4-5）。

4.2.2　平行投影法

当点投影中投射线的集聚点在无穷远处，则投射线可视为相互平行。投射线相互平行的投影法，称为平行投影法。

平行投影法根据投射线与投影面夹角是否垂直，又分为斜投影法、正投影法。

将物体连同其参考直角坐标系，沿不平行于任一坐标面的方向，用平行投影法将其投射在单一投影面上所得到的图形，称为轴测投影（轴测图）。可以说，轴测图是反映了三维空间关系的平行投影图。

其中，用斜投影法得到的投影称为斜轴测投影，如图 4-6c；正投影法得到的轴测投影称为正轴测投影，如图 4-7c。

4.2.2.1　斜投影法

投射线与投影面相倾斜的平行投影法叫作斜投影法。根据斜投影法所得到的图形称为斜投影图，如图 4-6 所示。

在斜投影中，平行于投影面的面，投影保持原形；而不平行于投影面的面，投影产生变形。如图 4-6，物体中 S 面平行于投影面，其投影 s 反映原形，如图 4-6（a）；Q 面不平行于投影面，其投影 q 并非原形，如图 4-6（a）~（c）。

4.2.2.2　正投影法

投射线垂直于投影面的平行投影法叫作正投影法。根据正投影法所得到的图形称为正投影图，如图 4-7 所示。

正投影包括多面正投影和单面正投影，其中单面正投影分为正轴测投影和标高投影。

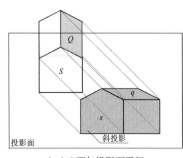

（a）S 面与投影面平行

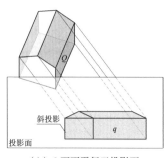

（b）Q 面不平行于投影面

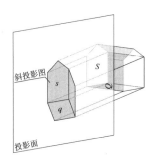

（c）S、Q 面均不平行或垂直投影面

● 图 4-6　斜投影图

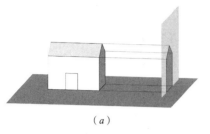 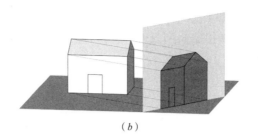 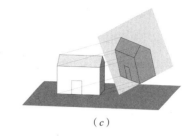

（a） （b） （c）

● 图4-7 正投影图

在正投影中，平行于投影面的面，投影保持原形（图4-7a）；而不平行于投影面的面，投影产生变形（图4-7b、图4-7c）。

4.2.2.3 标高投影

在物体的水平投影上，加注某些特征面、线以及控制点的高程数值和比例的单面正投影，叫作标高投影。在标高投影中，预定高度的水平面与所表示表面的截交线，称为等高线。

标高投影也可以理解为物体是多个标高处的投影面上正投影的叠加。这是一种特殊的正投影图，用于显示每一高处的水平投影形状及位置。如图4-8，用于表达总平面图中场地的地形地貌。

标高投影中应标注比例和高程。比例可采用比例尺（附有其长度单位）的形式，也可采用标注比例的形式（如1:1000等）。常用的高程单位为米。应设某一水平面作为基准面，其高程为零。基准面以上的高程为正，以下的高程为负。

4.2.2.4 平行投影的特征

无论是斜投影还是正投影，均有如下特征：

（1）成像大小与投影面距离物体的远近无关。如图4-9a，$a_1b_1=a_2b_2$，$b_1c_1=b_2c_2$，图4-9b中$b_1c_1=b_2c_2$，由于投射线直接相互平行，因此无论投影面与物体之间距离远近，每个投影图的大小、形状都不改变。

由于投影大小与投影面距离物体的远近无关，十分有利于制图的统一性，因此平行投影在工程制图中应用广泛。

（2）从属性不变。线段上一点的投影，仍在该线段的投影上。如图4-9，E在线段AB上，则投影e_1在a_1b_1上，e_2在a_2b_2上。

（3）成像等比性。由于投射线相互平行，通

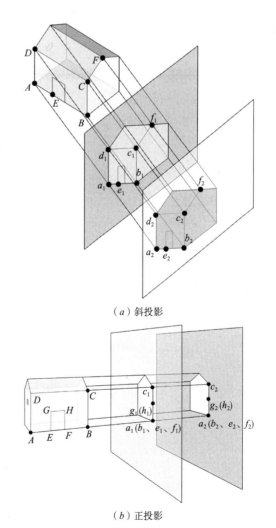

（a）斜投影

（b）正投影

● 图4-9

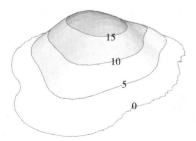 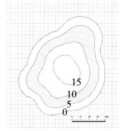

● 图4-8 标高投影图

过投射线与投影面的夹角可计算出原型与投影图的实长及比例，如图4-9a，$AB:BC=a_1b_1:b_1c_1$，$AE:EB=a_1e_1:e_1b_1=a_2e_2:e_2b_2$。

（4）成像仿形性。当物体一个面与投影面不平行时，该面的投影为原物的仿形。如图4-9（a）中，与投影面不平行的矩形面$ABCD$的投影$a_1b_1c_1d_1$、$a_2b_2c_2d_2$是平行四边形。

（5）平行关系不变。物体某一不平行于投射线的面内，相互平行的线段，其投影若不重合，则仍相互平行。图4-9a中$AD//BC$，投影中$a_1b_1//b_1c_1$、$a_2d_2//b_2c_2$。

（6）成像可度量。当物体某面平行于投影面时，该面投影为实形，面上线段投影为实长，可度量。

如图4-9a，因为面BCF平行于投影面，所以面上的线段BC、CF平行于投影面，由于投射线相互平行，故BC、CF的投影是实长，$BC=b_1c_1=b_2c_2$，$CF=c_1f_1=c_2f_2$，即面BCF的投影不变形、可度量。

（7）成像集聚性。同一投射线上的点，投影会集聚在投射线与投影面的交点上；平行于投射线的面，投影会集聚于一条线上。如图4-9b，直线AB

平行于投射线，即点A、E、B在同一条投射线，则点E的投影也在直线AB的投影上，集聚为一点a_1（b_1、e_1）、a_2（b_2、e_2）；由于平面$ABCD$平行于投射线，其投影集聚为一条线$b_1c_1a_1d_1$、$b_2c_2a_2d_2$。

小结：

（1）平行投影中，投影面与物体的远近，对投影大小及形状均无影响，利于投影面的统一选择及作图，因此在工程统一设计环节，我们选取平行投影。

（2）若物体某一面平行于投影面，其投影反映实形，投影图可度量，利用这个特征利于设计作图及修改。同时，由于建筑物绝大部分墙体是相互垂直的，因此在表达建筑某一表面实形时，只需将该面平行于投影面，画出该面实形，而其相邻面由于垂直于投影面，因此其投影均集聚在两面交线上，在投影图中无须表达，图纸绘制简洁方便。例如图4-9a，绘制平面BCF时，将该面平行于投影面放置，则投影$b_1c_1f_1$、$b_2c_2f_2$为实形、可度量；面$ABCD$的投影集聚在线段b_1c_1、b_2c_2上，在投影中无须表达。

4.2.2.5 关于点、线、面的投影规律（表4-2）

在投影过程中，会不可避免地出现空间中不同

点、线、面的投影规律 表4-2

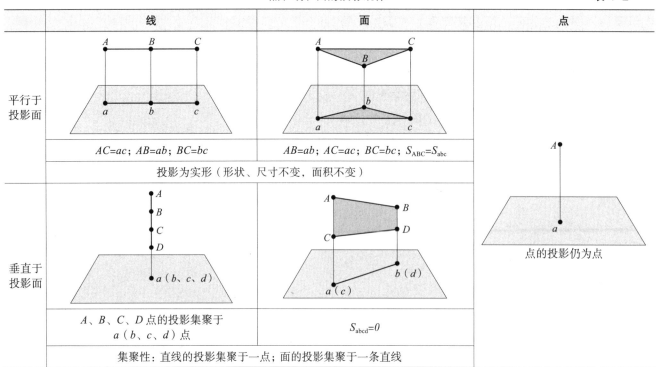

	线	面	点
平行于投影面	$AC=ac$；$AB=ab$；$BC=bc$	$AB=ab$；$AC=ac$；$BC=bc$；$S_{ABC}=S_{abc}$	
	投影为实形（形状、尺寸不变，面积不变）		点的投影仍为点
垂直于投影面	A、B、C、D点的投影集聚于a（b、c、d）点	$S_{abcd}=0$	
	集聚性：直线的投影集聚于一点；面的投影集聚于一条直线		

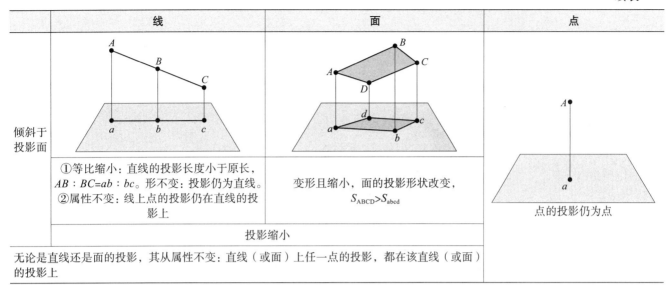

	线	面	点
倾斜于投影面	①等比缩小：直线的投影长度小于原长，$AB:BC=ab:bc$。形不变：投影仍为直线。 ②属性不变：线上点的投影仍在直线的投影上	变形且缩小，面的投影形状改变，$S_{ABCD}>S_{abcd}$	点的投影仍为点
	投影缩小		
无论是直线还是面的投影，其从属性不变：直线（或面）上任一点的投影，都在该直线（或面）的投影上			

的点、线、面在同一投影面上的投影重合叠加，有完全重合和投影叠加两种情况。

投影叠加是指，两个或两个以上物体在投影面上的形状、大小、位置有所差异，投影图形为两个投影的叠加。如图4-10a，由于房屋主体、门廊、烟囱大小形状各不相同，因此投影中呈现的是三者投影的叠加。

完全重合是指两个或两个以上物体在投影面上的投影形状、大小、位置完全一致，恰巧重合。如图4-10b，前后两栋房屋的主体部分的形态、轮廓完全一致，因此在投影中的呈现完全重合。建筑工程制图中，经常会遇到投影完全重合或叠加的情况。

4.3　投影在工程设计中的选择及应用

在工程平面设计阶段，我们采用正投影进行建筑物的设计。对于物体长、宽、高三个维度的空间关系中，每张图纸只显示两个维度的空间尺寸及关系，不反映第三个维度，如长、宽组合的水平投影，宽、高组合的立面投影，长、高组合的立面投影等，通过不同维度组合形成的多张二维图纸，综合读取便可以得到建筑物的原型（图4-11）。这种方法可以便捷地按实物原型进行等比例设计，非常便于平面图纸的绘制、修改及指导施工。

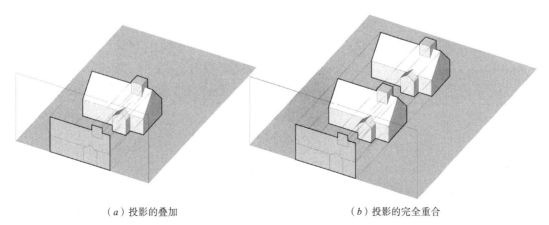

（a）投影的叠加　　　　　　　　　　　　（b）投影的完全重合

● 图4-10　投影的叠加与完全重合

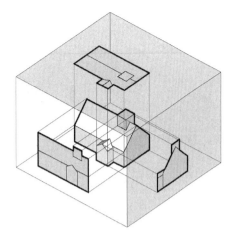

另外，当物体三个维度在投影面均有成像的轴测图，可以比较直观地看出建筑物的立体空间形态。由于平行投影的特征，我们可以按比例绘制，既方便又直观，因此轴测图可用作设计的辅助图纸（图4-12）。

● 图4-11

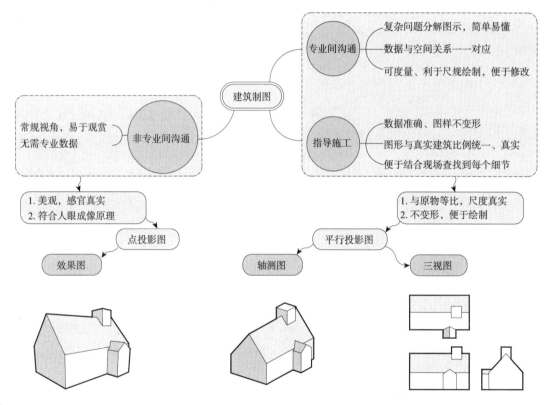

● 图4-12

第5章 视图

建筑物体以长方体为基本形,长方体有长、宽、高三个维度的空间数据,我们设这三个方向分别为 X、Y、Z 方向,O 为原点,如图 5-1 所示。建筑图纸设计就是要全面反映整个建筑物三个维度的几何与尺寸关系,建筑投影制图当中采用第三视角[①]。

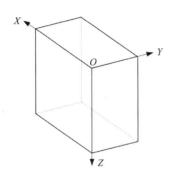

● 图5-1

5.1 三视图的形成

我们将物体按照正投影法向投影面投射时所得到的投影称为视图(View)。每个视图都反映了物体在其中两个维度(X 和 Y 方向、X 和 Z 方向、Y 和 Z 方向)的几何关系,若要准确反映物体在某个空间视角的三维关系,就需要绘制至少三个相邻投影面的投影图。常用的视图有三面视图(简称"三视图")和六面视图,形体越复杂,视图需求量就会越大,必要时需要绘制多面视图,或将物体剖切,绘制剖视图。无论是哪个方向的视图,都是正投影法在不同投影面上的投影,其成像原理一致。

投影中,我们以正对着我们的投影面为 V 面,面上投影称为正立面投影图;水平位置的投影面为 H 面,面上投影称为水平面投影图;将侧立且垂直于 V、

H 面的投影面设为 W 面,面上投影称为侧立投影图;三个投影面之间的交线分别为 OX、OY、OZ,称为投影轴,他们相互垂直交于 O 点,如图 5-2 所示。

投影成像在三维空间中进行,而建筑设计需要用平面的图纸来表达。我们如何将建筑物在空间中的投影图以平面的形式绘制在同一张图纸中呢?这就需要将这个空间模型进行展开(图 5-3)。将三个投影面沿 OY 轴剪开,分别沿 OX、OZ 轴将 H、W 面翻转 90° 后与 V 面共面,得出二维的三个面投影视图,称为三视图。

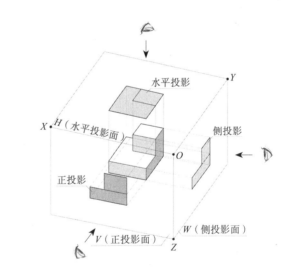

● 图5-2

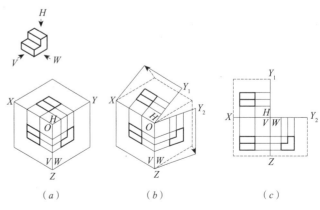

（a） （b） （c）

● 图5-3

---

① 详见附录 –1 建筑制图的假设依据。

5.2　三视图的特征分析

5.2.1　轴无正负之分

由于投影图的位置不同，投影所在轴向也有不同，因此投影轴并无正负方向，正投影在轴向的数据与物体实形有关。

5.2.2　轴线不影响投影数据，可不画

由于正投影中，投射线垂直于投影面，投影面的位置与投影大小无关，因此在图 5-3c 中，轴线 OX、OY、OZ 的位置在哪都与投影本身无关，那么图中 OX、OY、OZ 在绘制中可以省略，如图 5-4b 所示。

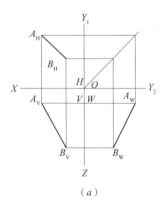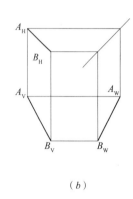

（a）　　　　　　　　　（b）

● 图 5-4

5.2.3　三视图的"三等关系"

每两个视图中，共轴部分的数据总是相等的，也就是三视图的"三等关系"。

图 5-5 是几个三视图的实例，可以看出，每个三视图都犹如被拍扁在投影面的压缩图，完全不反映与投影面垂直方向的空间数据，毫无立体感，因为它只反映在投影面上的二维空间数据。也就是说，每个视图只有 X 和 Y 或 X 和 Z 又或 Y 和 Z 两个方向的空间数据；而且每两张视图中，同名维度的数据是一样的，H 投影与 V 投影共有的 OX 向，数据相等；V 面投影和 W 面投影共有的 OZ 向，数据相等；H 面投影和 W 面投影共有的 OY 向，数据相等。这就是三视图的"三等关系"：

正投影和水平投影 X 方向长度相等，等面宽；

正投影和侧投影 Z 方向长度相等，等高；

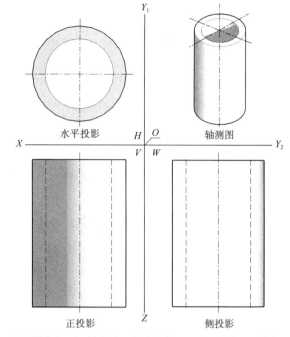

（a）圆柱体：水平投影与正投影等直径，正投影与侧投影等高，水平投影和侧投影等直径

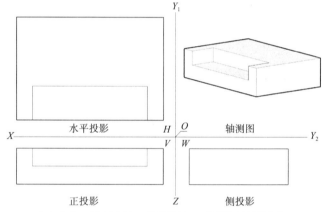

（b）台阶：水平投影与正投影等长，正投影与侧投影等高，水平投影和侧投影等宽

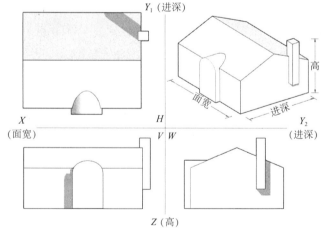

（c）房屋：正投影和水平投影等面宽，正投影和侧投影等高，侧投影和水平投影等进深

● 图 5-5

侧投影和水平投影 Y 方向长度相等，等进深。

另外，三视图中反映的空间方位为：

水平投影（H 投影面）反映物体的左右、前后关系；

正面投影（V 投影面）反映物体的左右、上下关系；

侧面投影（W 投影面）反映物体的上下、前后关系。

所以，根据第三角配置的三视图，可以理解为物体外包装展开，这样对读图与理解就非常便利了，如图 5-6 所示。

5.2.4　归属恒定

点、线、面的归属关系在投影中不变，称为"归属恒定"规律。点在一条直线上，那么，点的投影也在线的投影上；线在面上，那么，线的投影在面的投影中；

点在面内，那么，点的投影仍在面的投影中。也就是说，三视图不改变归属关系，我们称为"归属恒定"规律。

5.2.5　简便绘图法

根据图 5-7 所示，Y_1 和 Y_2 轴向的数据是相等的，图纸绘制的时候，怎样能迅速画出两个轴向等距呢？我们采用三种方式：同心圆法、轴间等腰连接法、斜线转向法。

其中，同心圆法需要更换绘图工具——圆规，且需要固定一个圆心，较为复杂（图 5-7a）。轴间等腰连接法需要画出两条轴线和 45° 等腰三角形，以求出另一边，也较为复杂（图 5-7b）。斜线转向法利用直角等腰三角形的特点，将等量关系通过一条 45° 斜线将 H 面和 W 面投影的纵深方向数据等量转换，无须轴线和定位，简单方便（图 5-7c）。

最终三视图简便的画法可以为图 5-8 所示：

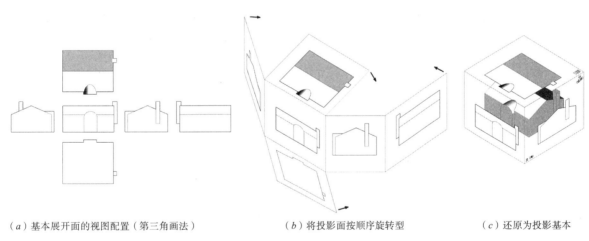

（a）基本展开面的视图配置（第三角画法）　　　　（b）将投影面按顺序旋转型　　　　（c）还原为投影基本

● 图 5-6

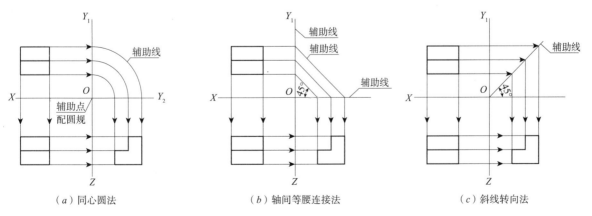

（a）同心圆法　　　　（b）轴间等腰连接法　　　　（c）斜线转向法

● 图 5-7

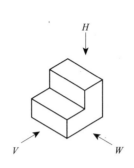 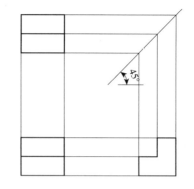

● 图5-8

5.2.6　三视图是最基本的工程图表现法

视图要能够完整地反映一个物体的特征，且应避免产生疑问和误解，必要时需要更多视图来绘制。如图5-9a所示，V面投影相同的三个物体，他们的H面和W面投影都不一样；又如图5-9b所示，H面和V面的投影不相同的物体，其W面投影也不同。也就是说，一个或两个投影难以将一个形体准确地表达出来，工程图中用三视图来表达一个物体是最常用的方法。

5.2.7　三视图的不完整性

由于三视图每个视图只反映二维关系，因此为了得到更多物体立面的信息，需要从不同的角度来绘制视图。当各个面都不同时，三视图是不能够反映全貌的，还需补上其他立面视图。如图5-10，仅从顶视图、正立面图、右立面图只能获得右前方视角的三维空间数据，并无法反映建筑左、后方情况。因此，需要从这两个角度补充立面视图——背立面图和左立面图，才能完整反映建筑外立面全貌。

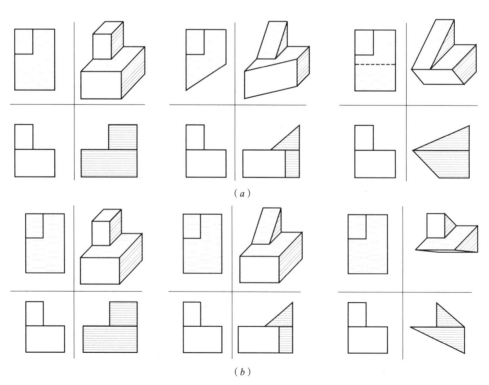

（a）

（b）

● 图5-9

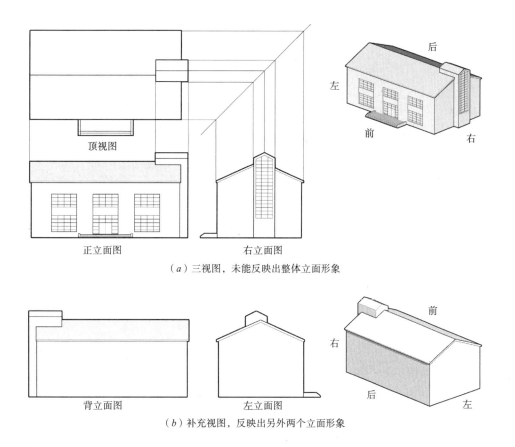

（a）三视图，未能反映出整体立面形象

（b）补充视图，反映出另外两个立面形象

● 图 5-10

5.3　六视图

如图 5-10 所示，三视图不能保证反映物体的全貌，为了避免物体各个面的设计在图纸记录中有缺失，对于形状较为复杂的物体，我们会画出四面视图、五面视图或六面视图以完善信息。视图成像原理与三视图一致，均采用投影面位于物体与观察者之间的第三视角投影（第三角画法）[①]，如图 5-11 所示。

设置投影面时，将物体主要立面置于正前方投影，其上部为顶视图，下方为底视图，两侧依次为左视图、右视图、后视图，如图 5-12a 所示。当以这种顺序进行配置六视图（第三角画法）时，可不必标注视图名称。但当各视图顺序打乱或不在同一张图内时，应明确每张视图的名称，如图 5-12b 所示。

视图中被遮挡的线可以用虚线表示，也可以根据需要不表示，如图 5-12c 所示。图形复杂且表达不可见线时，可加以标注，以明晰图示内容。以六视图形式展现出来的图纸，对物体各个面的描述更加清晰直观。

---

① 第三角投影（第三角画法）Third Angle Projection，将物体置于第三分角内，并使投影面处于观察者与物体之间而得到的多面正投影，详见附录 -1。

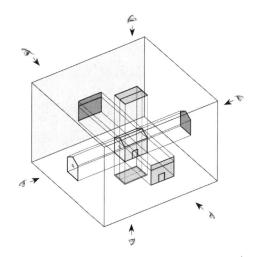

● 图 5-11

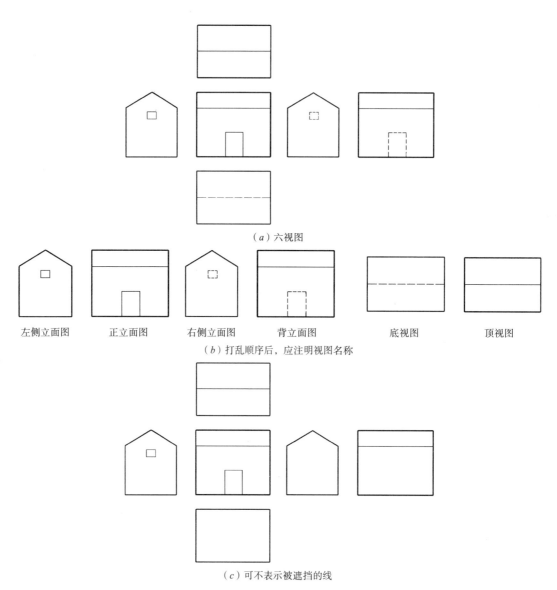

（a）六视图

左侧立面图　　正立面图　　右侧立面图　　背立面图　　　　底视图　　　　顶视图

（b）打乱顺序后，应注明视图名称

（c）可不表示被遮挡的线

● 图5-12

5.4 视图的绘制要点

5.4.1 视图中图线的重要性

视图中的线都具有特定含义，或代表着一个面的边界、或是一个集聚为一条线的面，又或是两个面的交界等，线的存在代表着空间中物体某个部位的位置关系，无特殊情况，不能随意增加或删减任意一条线，以免造成误解。

A 和 B 所在的面之间，有图线与无图线，在形态差异上非常大。无图线时，无论实物的原型是什么形态，AB 一定是共面的（图5-13a）；而有图线时，

实物原型一定是不共面的（图5-13b）。

5.4.2 视图数量的选择

视图的数量没有具体指标规定，基本原则是用最少的视图来准确、清楚地表达物体特征。由于每个视图只能表达空间中两个维度的数据，因此要完整表达三维立体空间，至少需要2个垂直的投影面进行投影。有些简单的图形只需两个视图即可，如图5-14a 所示；一般的形体以三视图表达较为完整清晰，如图5-14b 所示；形体较为复杂的则需要补画其他视图如图5-14c 所示。

此处无图线
说明上下部分共面

能产生此投影的物体，都有一个共同特征：
A、B在同一个平面上。空间实物举例如下
（不仅限此）：

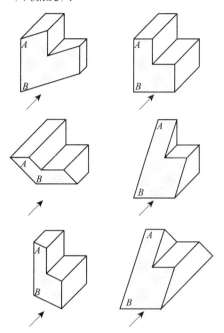

此处有图线
代表上下部分不共面

能产生此投影的物体，A、B一定不在
同一个平面上。举例如下（不仅限此）：

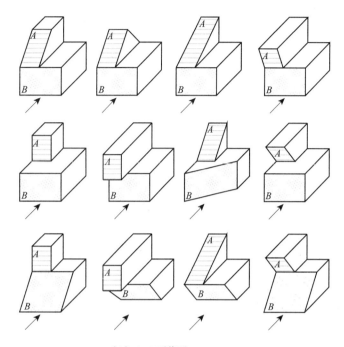

（a）A、B共面　　　　　　　　　　　　　　　（b）A、B不共面

● 图5-13

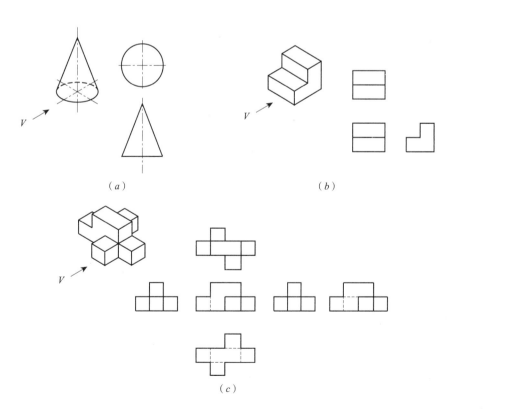

（a）　　　　　　　　　　　　　　（b）

（c）

● 图5-14

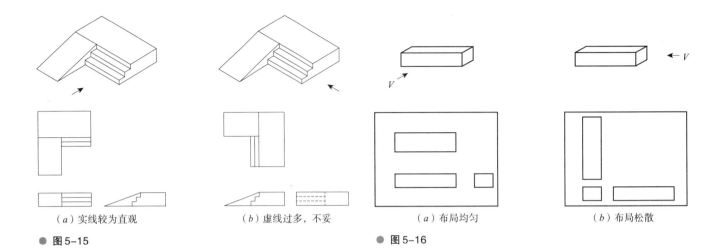

（a）实线较为直观　　　　　　　（b）虚线过多，不妥　　　　　　　（a）布局均匀　　　　　　　　（b）布局松散

● 图5-15　　　　　　　　　　　　　　　　　　　　　　　　● 图5-16

5.4.3　投影面的选择

（1）投影面在选择上应尽量能反映出物体形状的特征，且投影图尽可能用实线表示。如图5-15中，比较a、b两种方法，两张图都将正面投影选择在特征性比较明显的地方，但b图的侧投影虚线过多，因此两张图中a的正面投影角度比较合适。

（2）选择投影面时尽量考虑合理布局图面。如图5-16所示，物体某一方向较长，在选择视图的正投影时，需要考虑三视图在物体长、宽方向的尺寸悬殊，图5-16中a的布局较为紧凑，比较合理，b的布局较为松散，浪费图幅。

5.4.4　绘图步骤

（1）如图5-17所示，先画出物体在水平面和正立面的投影，并利用对等关系将两个投影对齐。

（2）利用三等关系，通过两个已知投影分别向侧立面拉引线，找对应关系，把水平投影的进深尺寸反映出来，再把正立面投影的高度反映出来，画出侧立面。

（3）加粗投射线。

5.4.5　视图中的编号规律

一般情况下，如图5-18所示，我们用大写字母A、B、C、D、E……来表示物体上的点，投影到各个投影面时，加注投影面的名称，如物体上的点A，在H面上的投影，我们记为A_H，在W面上投影记为A_W，重合的点可以在括号后注明。直线以两点来记名，如直线AB。

用大写字母P、Q、R、S、T……来表示物体的某一个面，其投影到某个投影面时，该投影面的名称作脚注，如物体中P面在投影V面中的投影为P_V，物体中R面在投影面H上的投影为R_H。

5.4.6　交线与不可见线

视图是反映物体各个投影情况的图纸，完整的面投影为封闭线圈，每一根图线都代表着一根投影线、或一个面的集聚线、或某个面的边界线，任何一根图线都是有意义的。同时，关于物体的图线需要加粗，与其他辅助图线区分开，辅助作用的投射线在作图过程中用细线。物体可见面的边线用粗实线，不可见线用中粗虚线，或不画，如表5-1所示。

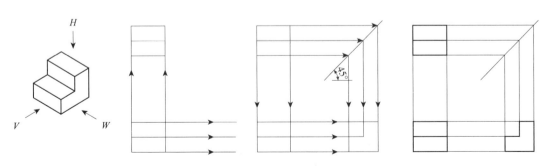

● 图5-17

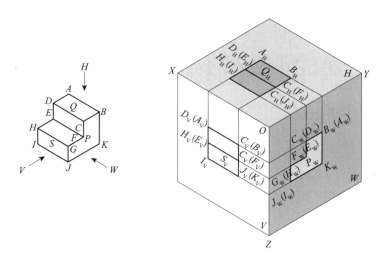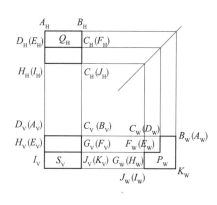

● 图5-18

交线与不可见线　　　　　　　　　　　　　　　　　　　　　　　　表 5-1

表达内容		画法	线宽线型	举例			
				模型	正确		错误
物体	某个平面（任意形状）	只需绘制该面的边界线	粗、实线		封闭的线圈		中间有线代表上下不共面
	面与面相交	画出交线，注意两端点的位置	粗、实线		画出两面交线		无交线代表同一个面
	圆面与直面、圆面与圆面平滑相切	无切线	不画		平滑相切时不能画交线		有图线代表不平滑相接
	被遮挡的面	画边界线，也可不表示	中粗、虚线		不可见线用虚线	不可见线也可不表示	实线代表可见的两面交线
辅助线	对称轴	图形过小时可以细实线代替	细、点划线		应画出对称物体的对称轴线		无对称轴，特征性不明显
	绘图辅助线	2H、H 铅笔绘制	细、实线		辅助线要轻、细，物体线要粗、清晰		辅助线不用虚线表示，绘图效率低且易与不可见线混淆

第6章 平面体的投影

建筑工程中的形体是千变万化的，图纸绘制中，我们可以用统一、简单的方法将这些复杂多样的形体投影绘制出来，使用的方法就是——拆解：将复杂形体拆解成多个简单的形体（图6-1），忽略其材质等非体量上的要素，将其还原为原始的基本几何形体。因此，接下来我们从体块分析入手来研究和学习建筑物的投影规律。

普通房屋的基本几何形体可分为平面体和曲面体（图6-2）。

表面都是平面多边形的立体，叫作平面体。设计中常见的平面体有长方体和斜面体，如图6-3所示。

无论是长方体还是斜面体，绘制这些形态各异的平面体的投影，实际就是绘制出体块各表面的边界线投影，而构成这些表面的边界线各边均可由两个端点来确定（图6-4），因此绘制平面立体的投影图，又可视为绘制其各表面的交线（即棱线）以及各顶点（棱线的交点）的投影。

本章的知识点从建筑基本形——长方体和斜面

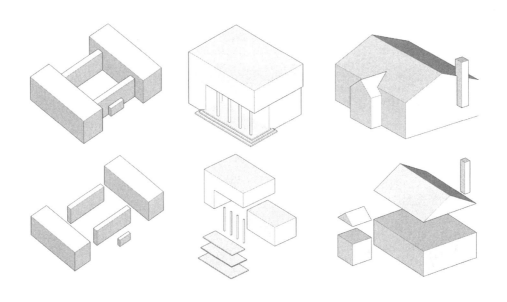

● 图6-1

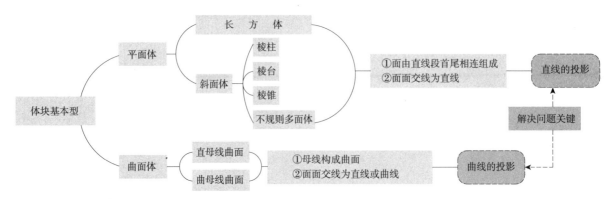

● 图6-2

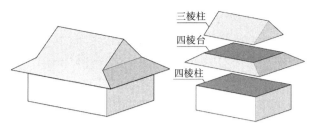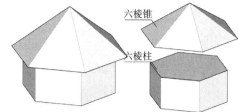

三棱柱

四棱台

四棱柱

六棱锥

六棱柱

● 图 6-3

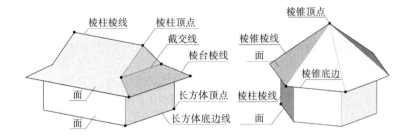

棱柱棱线　棱柱顶点

截交线

棱台棱线

面

面

长方体顶点

长方体底边线

棱锥顶点

棱锥棱线

面

棱锥底边

棱柱棱线

面

● 图 6-4

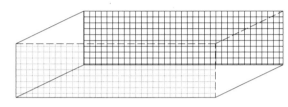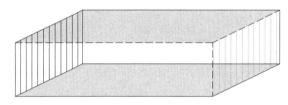

● 图 6-5　长方体的向对面

体——入手分析各类平面和直线、点的投影特征，以及体块交贯过程中各类平面的交线特征，以便分析及绘制图纸。

6.1　长方体的投影 [①]

6.1.1　长方体定义及特征

建筑的最基本形体就是由长方体组成的，是人们生活起居最基本的几何空间形态单元。

长方体（又称矩体，Cuboid）是底面为长方形的直四棱柱（图6-5）。它由6个面组成，有如下特征：

①共有6个面，每2个面相对且平行，形状相同，形成一组，共3组。

②相邻的面相互垂直，交线为棱线，共有12条棱。

③棱线有3组不同方向，每组4条棱线相互平行，各组棱线之间相互垂直。

④每个面由4条棱线构成。

⑤顶点为相互垂直的三个棱的交点。

由如上特征可以看出，在投影中，若能求出各棱线或其两个顶点的位置，就能求出整个长方体的投影。

6.1.2　长方体表面——投影面平行面

当长方体摆正放置时，各面平行于相应投影面，如图6-6a所示。此时，我们将平行于 V 投影面的平面称为正平面，如图6-6中的 Q 面；将平行于 W 投影面的平面称为侧平面，如图6-6中的 R 面；将平行于 H 投影面的平面称为水平面，如图6-6的 P 面。这样将长方体在模型空间摆正后，通过分析各面及棱线在这种特殊状态时的投影特点，来总结在建筑制图中此类模型的读图及绘图要点。

（1）体块的投影：如图6-6a、图6-6b，三个投

[①]　本节所介绍长方体投影如未特别说明，均视为在模型空间摆正，即将长方体表面平行于相应投影面放置。

045

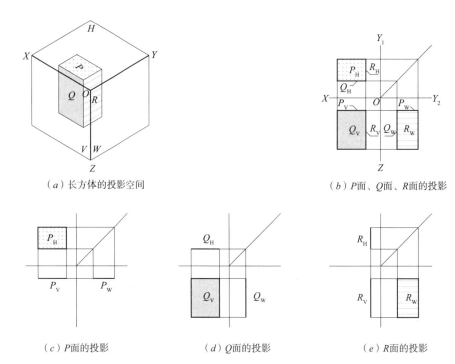

（a）长方体的投影空间

（b）P面、Q面、R面的投影

（c）P面的投影

（d）Q面的投影

（e）R面的投影

● **图6-6 长方体表面的投影**

影面上分别是长方体三个面P、Q、R的正投影，形状、大小均相同，长方体其他三个面的投影均被遮挡，投影中无反映。

即P面//H投影面，则P在H面的投影P_H是原形；Q面//V投影面，则Q在V面的投影Q_V是原形；R面//W投影面，则R在W面的投影是R_W原形。

（2）每个面的投影：如图6-6c~图6-6e，由于长方体每个面都与其中一个投影面平行、与其他两个投影面垂直，因此每个面在三个投影面上都有一个是原形，另外两个积聚为一条线。

总结：

（1）投影面平行面一定垂直于其他两个投影面。

（2）投影面平行面在与它平行的投影面中的投影为实形，在另两个投影面的投影，积聚为一条直线。

6.1.3 长方体棱线——投影面垂直线

由于三条棱相互垂直，且平行于相应投影面放置。因此，每条棱线都垂直于一个投影面，平行于另外两个投影面。

我们将垂直于V面的直线称为正垂线，如图6-7中的线段BC；垂直于W面的直线称为侧垂线，如

图6-7中的线段AB；垂直于H面的直线称为铅垂线，如图6-7中的线段BD。

总结：

①投影面垂直线一定平行于其他两个投影面。

②投影面垂直线在与它垂直的投影面的投影集聚为一点，在另两个投影面中投影为原形，反映实长。

6.1.4 长方体顶点——空间任意点

如图6-8，点的投影仍为点：

（1）点在每个投影面上都有相应的二维位置数据：如点E（图6-8g），在H面的投影中，会有X轴和Y轴两个方向的位置数据；在V面的投影中，会有X轴和Z轴两个方向的位置数据；在W面的投影中，会有Y轴和Z轴两个方向的位置数据。

（2）点在任意两个投影面中的位置数据中，两投影面共轴方向的数据是一致的，表现在三视图中，两个投影点的连线垂直于该轴。

如图6-8g，点E在H、V面上的投影，其X轴方向数据相同；在W面上的投影，其Y轴、Z轴方向的位置数据，与E_H和E_V的数据相等。表现在图形上就是：

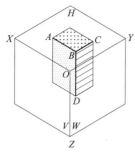

（a）长方体的棱所在的投影空间

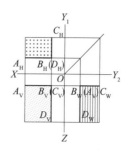

（b）三条棱的投影

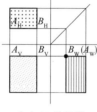

（c）AB 的投影

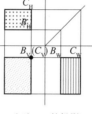

（d）BC 的投影

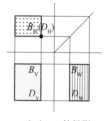

（e）BD 的投影

● 图 6-7　长方体棱线的投影

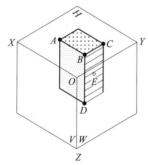

（a）长方体顶点及面上任一点所在投影空间

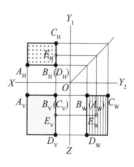

（b）各点的投影

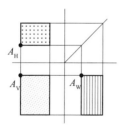

（c）点 A 的投影

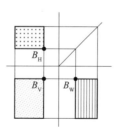

（d）点 B 的投影

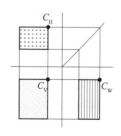

（e）点 C 的投影

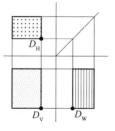

（f）点 D 的投影

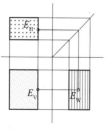

（g）点 E 的投影

● 图 6-8　长方体顶点及面上任意点的投影

$E_H E_V \perp X$ 轴，X 轴方向的数据相等，$E_H E_V$ 在同一条铅垂线上。

$E_V E_W \perp Z$ 轴，Z 轴方向的数据相等，$E_V E_W$ 在同一条水平线上。

E_H、E_W 的等量数据连线垂直于 Y_1 和 Y_2 轴，Y 轴方向数据相等，数据通过 45° 辅助线进行转换。

综上所述，同一个点在三个投影面上的三个投影，反映该点的实际位置数据；同时，也反映该点与三个投影面的距离；任意两投影点的等量连线，必定垂直于与其相交的轴线。

6.1.5 长方体各面、棱线的读图及绘图规律

通过以上分析与总结，可以看出，要完整地判断出三视图中所表达的是什么形体，需要综合分析各个投影面的投影，结合关键端点、关键线段的投影特征来判断。

（1）判断投影面平行面。如图 6-9 所示，当一个面在某投影面中的投影是封闭的线圈（该面的边界线），而另两个投影是直线，那么该面平行于该投影面，在该投影面中的投影为实形。

读图规律：

投影为两条线和一个面 ⇔ 投影面平行面（该规律的判断可逆）。

（2）判断投影面垂直线。如图 6-10 所示，当某条线的一个投影为点，另两个投影为线时，该线垂直于投影为点的投影面、平行于另两个投影面。

读图规律：

投影为两条线和一个点 ⇔ 投影面垂直线（该规律的判断可逆）

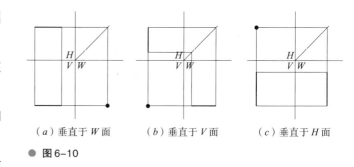

（a）垂直于 W 面　　（b）垂直于 V 面　　（c）垂直于 H 面

● 图 6-10

6.1.6 空间任意点的绘图规律

当一个点的两个投影已确定，则可通过两个投影中提供的三维数据信息，绘制出第三个投影。如图 6-11，通过任意两个面上的投影，就能求出第三个投影。

引申：长方体的 6 个面的投影绘制中，只要找到其各顶点的两个投影，就能绘制出另一个投影图。

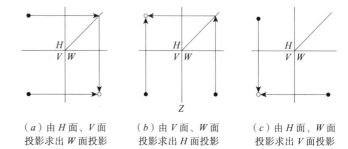

（a）由 H 面、V 面　　（b）由 V 面、W 面　　（c）由 H 面、W 面
投影求出 W 面投影　投影求出 H 面投影　投影求出 V 面投影

● 图 6-11

6.2 斜面体的投影

6.2.1 斜面体定义

带有斜面的平面体，统称为斜面体。斜面体的基本形包括任意棱柱（除四棱柱）、棱锥、棱台，以及由此衍生的各种多面体，如图 6-12 所示。

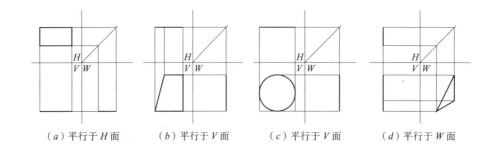

（a）平行于 H 面　　（b）平行于 V 面　　（c）平行于 V 面　　（d）平行于 W 面

● 图 6-9

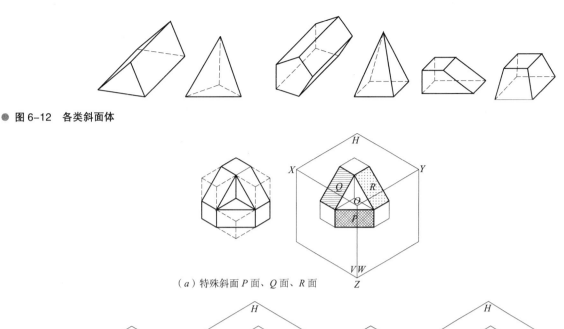

● 图 6-12　各类斜面体

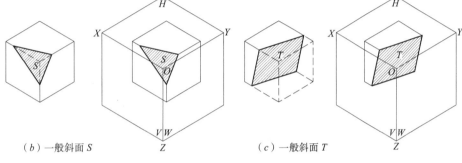

（a）特殊斜面 P 面、Q 面、R 面

（b）一般斜面 S　　　　　　　　（c）一般斜面 T

● 图 6-13　一般斜面与特殊斜面

建筑设计中的斜面体非常多见，如坡屋面、斜坡、有转角的房屋墙面等基本形，都可以归为斜面体。

在投影的学习中，我们将斜面分为两类：一类是垂直于一个投影面且不平行于其他投影面的面，我们称为投影面垂直面，又称特殊斜面，如图 6-13a 所示；另一类是不垂直于任何投影面的斜面，称为普通斜面，如图 6-13b 所示。

分别分析特殊斜面（投影垂直面）及一般斜面的投影特征，以用于工程绘图及识图。

6.2.2　特殊斜面——投影面垂直面

投影垂直面中，垂直于 V 投影面且倾斜于其他投影面的面，称为正垂面，如图 6-14b 平面 R；垂直于 W 投影面且倾斜于其他投影面的面，称为侧垂面，如图 6-14b 平面 Q；垂直于 H 投影面且倾斜于其他投影面的面，称为铅垂面，如图 6-13a 平面 P。

以被对角平分切开的四棱台为例，来研究这些特殊斜面。将正四棱台两个底边分别平行于投影面 V 和投影面 W，被截面 P 沿顶面对角线截开，此时截面 P⊥H 投影面，但不与另两个投影面平行，是铅垂面。四棱台的各个斜面都不与投影面平行，但与相应投影面垂直：斜面 Q⊥W 投影面，是侧垂面；斜面 R⊥V 投影面，是正垂线。因此，斜面 P、Q、R 都是投影面垂直面。由于不平行于任何投影面，三个特殊斜面的三视图都不反映实形。

以铅垂面 P 为例，由于面 P⊥H 投影面，如图 6-14d，在 H 面投影集聚为一条线，该投影线与 X 轴的夹角真实反映了斜面 P 与 V 投影面的夹角，与 Y 轴的交角真实反映了斜面 P 与 W 面的夹角。而铅锤面 P 在 V、W 投影面的投影均为被压缩的图形，面积小于原形，如图 6-14g 所示。

同理，如图 6-14e 所示，侧垂面 Q⊥W 投影面，

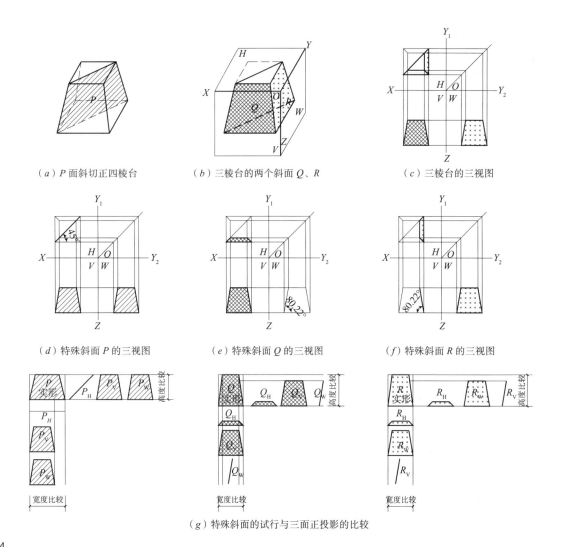

（a）P面斜切正四棱台　　　（b）三棱台的两个斜面Q、R　　　（c）三棱台的三视图

（d）特殊斜面P的三视图　　　（e）特殊斜面Q的三视图　　　（f）特殊斜面R的三视图

（g）特殊斜面的试行与三面正投影的比较

● 图6-14

在W面的投影为一条线，该线段与Y轴、Z轴的夹角，分别反映了侧垂面Q与H投影面、V投影面的真实夹角；侧垂面Q在H、V投影面的图形为仿形，面积小于原形，如图6-14g所示。

如图6-14f中，正垂面R⊥V投影面，在V面的投影为一条线，该线段与X轴、Z轴的夹角，分别反映了正垂面R与H投影面、W投影面的真实夹角；正垂面R在H、W投影面的图形为仿形，面积小于原形。

总结：

如图6-14d~ 图6-14f，投影面垂直面在与该投影面的投影为一条线，另两个投影为面积被压缩的面；相反，当在三视图中看到其中一个投影为一条线，另两个投影为封闭线圈（实际上就是面的轮廓线），那么这是空间中的一个投影面垂直面。

读图规律：

投影为一条线和两个面 ⇔ 投影面垂直面（此判断可逆）

6.2.3　特殊斜线——投影面平行线

有些斜面虽与投影面无任何特殊位置关系，但其边界线位置关系比较特殊，如图6-15a，构成一般平面ABC的三条线段，实际是位于正方体三个相邻的面上。

我们将平行于H面且倾斜于其他两个投影面的直线称为水平线，如图6-15a中的直线AB；将平行于V面且倾斜于其他两个投影面的直线称为正平线，如图6-15a中的直线AC；将平行于W面且倾斜于其他两个投影面的直线称为侧平线，如图6-15a中的直线BC。我们统一将水平线、正平线、侧平线统

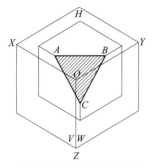

（a）投影面平行线的位置特征

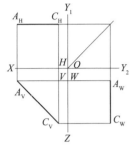

（b）水平线 AB 的三视图

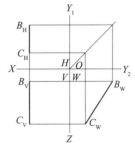

（c）正平线 AC 的三视图　　　（d）侧平线 BC 的三视图

● 图 6-15

一视为特殊斜线。

　　水平线 AB//H 投影面，如图 6-15b，在三视图 H 面中的投影为斜线，且为实长，与 X 轴线的夹角反映 AB 与 V 面的真实夹角，与 Y 轴线的夹角反映 AB 与 W 的真实夹角；在投影面 V 的投影平行于 X 轴、投影面 W 的投影平行于 Y 轴。

　　正平线 AC//V 投影面，如图 6-15c，在三视图中 V 面中的投影为斜线，且为实长，与 X 轴线的夹角反映 AX 与 H 面的真实夹角，与 Z 轴线的夹角反映 AB 与 W 的真实夹角；在投影面 H 的投影平行于 X 轴、投影面 W 的投影平行于 Z 轴。

　　侧平线 BC//W 投影面，如图 6-15d，在三视图中 W 面中的投影为斜线，且为实长，与 Y 轴线的夹角反映 BC 与 H 面的真实夹角，与 Z 轴线的夹角反映 BC 与 V 的真实夹角；在投影面 H 的投影平行于 Y 轴、投影面 V 的投影平行于 Z 轴。

　　总结：投影面平行线在该投影面的投影反映实长，并反映斜线与另两个投影面的真实夹角；直线另两个投影平行于该投影面的两个轴线。

　　读图规律：一个投影为斜线、另两个投影为轴线平行线 ⇔ 投影面平行线（此判断可逆）。

6.2.4　一般斜面和一般斜线

　　与三个投影面都倾斜的面被视为一般斜面。如图 6-16a 中的 Q 面和 d 中的 P 面，他们的三面正投影都不反映原形，如图 6-16c、图 6-16f。

　　从投影图 6-16d 图中可看出，一般斜面 P 内线段 AB，在投影图 6-16f 中，AB 仍在 P 面的投影中。

　　以图 6-16d 直线 AB 为例，AB 不平行或垂直于任何投影面，被视为一般斜线，从它的三视图图 6-16g 可以看出，三个投影均不反映被压缩、不反映原形，同时他们与轴线也有一定夹角，但不是 AB 线段与相应投影面的真实夹角。

　　总结：

　　（1）一般斜面的三面正投影都不反映原形。

　　（2）一般斜线的三面正投影都是斜线，且不反映实长及与投影面的真实夹角。

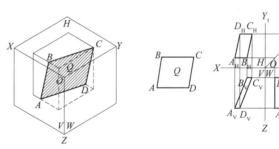

（a）一般斜面 Q　（b）一般斜面 Q 的实形　（c）一般斜面 Q 的三视图

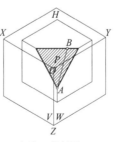

（d）一般斜面 P　　　　　　（e）一般斜面 P 的实形及面内一条线段

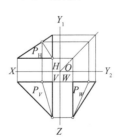 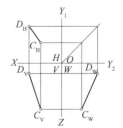

（f）一般斜面 P 及面内一条线段的三视图　　（g）一般斜线 CD 的三视图

● 图 6-16

③定位一个空间中的一般斜面或一般斜线，需要首先定位面的边界线段的各顶点，或者通过面上多条已知线段来定位。一个点在斜线上，那么它的投影也在斜线的投影上；一条斜线在斜面上，那么它的投影也在斜面上。

读图规律：

三面正投影均是封闭的线圈 ⇔ 一般斜面（此判断可逆）

三个投影都是斜线 ⇔ 一般斜线（此判断可逆）

6.3 体块的组合与交贯线的确定

6.3.1 长方体的组合——投影垂直面的相交

6.3.1.1 交线的判断

工程设计中许多设计的基本形就是长方体的组合体，如图6-17，一些裙楼和主楼的相交、主楼副楼的相接、高层中的局部体块镶嵌或挖切，我们可以将这些形体中的长方体视为投影垂直面组成的形体，长方体的相互组合交贯实际上就是投影垂直面的相交，具有一定规律：

（1）交线同时位于两个相交平面上。

（2）两个投影面垂直面相交，交线一定垂直于第三个投影面；如图6-18中的线段AB，是投影面W平行面和投影面H平行面的交线，交线AB⊥V投影面，同时交线A//H投影面，AB//W投影面。

6.3.1.2 长方体组合体的绘制

方法：拆解法。可以将组合体进行体块拆解，如图6-18b，拆解为两个简单的长方体，分析每个简单形体各面与投影面之间的关系。

应注意：局部组合为整体后，交接后共面的两条重合边界线不需要再画出，如图6-18c中，拆解的局部体块重新组合时BC与EF线重合共面，在画组合体的三视图时，点B与点C之间无线段连接。

绘图步骤：根据图形的繁简程度，可先画出其中一个投影面的投影，如图6-18c，画正立面投影，与V面平行的面反映实形，与V面垂直的各面集聚为直线。然后，通过三视图的三等关系绘制出水平投影及侧投影。

6.3.1.3 长方体组合体的判断

读图时需要结合三面正投影综合思考，从整体到局部，根据"三等关系"寻找三张视图的内在联系。简单地理解，可以将每个视图视为物体沿着投射线方向被"拍扁"在了投影面上一样，看到该视图时，需结合另外两个视图来还原它在投射线方

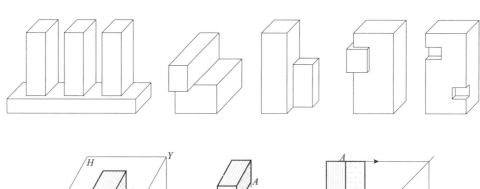

● 图6-17

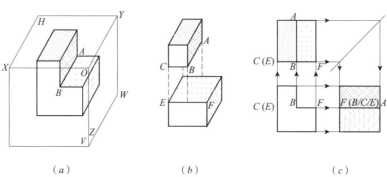

（a） （b） （c）

● 图6-18

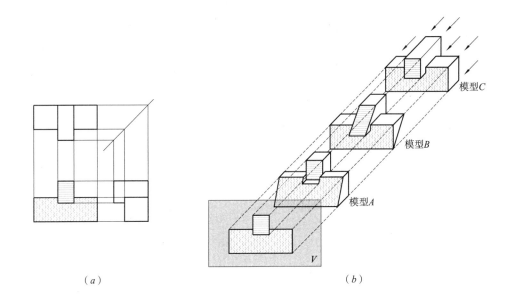

（a）　　　　　　　　　　　　　　　　　　（b）

● 图6-19

向的空间尺寸，完成原型的搭建。

　　三视图中每个封闭线圈组合的图形都表示一个面的投影，需要注意，有些投影面垂直面、投影面平行面在某些投影中会集聚为一条线。

　　如图6-19a，先从整体分析，每张视图都有两个封闭线圈，且按照"三等关系"相互对应，由此可以推断是两个长方体搭接而成。从正立面投影可以还原其 Y 轴方向的形态，有无数可能，如图6-19b所示。

此时需要结合 Y 轴方向的尺寸，找出 W 投影面中 Y 轴方向为两个矩形且一前一后，排除模型 A、B；H 面投影为两个矩形且一前一后，得出空间模型 C。

6.3.2　斜面体的组合

　　斜面体组合的关键是斜面与其他平面相交线与投影面的关系判断，如表6-1所示。首先判断出该交线特征，然后根据线上的特殊点求出具体空间方位。

平面体相交线规律　　　　　　　　　　　　　　　　　　　　　　　　表 6-1

交线特征	投影面平行面	投影面垂直面	一般斜面
投影面平行面	投影面垂直线	—	—
投影面垂直面	投影面垂直线，或投影面平行线	投影面垂直线，或一般斜线	—
一般斜面	投影面平行线	投影面平行线，或一般斜线	一般斜线

6.4 坡屋面相关典型投影案例

6.4.1 斜面上任意点的投影

【例1】如图6-20a是四棱锥的三视图，已知四棱锥一个面上点A的H面投影，求作另两个投影的位置。

分析：当一个点的投影位置不易求得时，可以找出一条它所在的线段，根据"归属恒定"规律，结合已知投影位置，求得另两个投影。

解题方法一：辅助线法（过已知点）

具体步骤：

（1）图6-20b、图6-20c，过已知点（棱锥顶点），作辅助线。连接顶点O_H和A点并延长，交于底边于点B_H。

（2）求作辅助线O_B的其他两个投影。

（3）图6-20d由于"归属恒定"，A点的投影仍在辅助线的投影上。作A_H另外两个投影，分别交辅助线上于点A_V、A_W。

解题方法二：辅助线法（投影面平行线法）

具体步骤：

（1）由于水平线的投影在H面上反映实形，

因此，如图6-21在H面投影中，在四棱锥表面上过A_H点作水平线，交四棱锥棱线于点M_H、N_H，此时，MN平行于所在锥面底边。

（2）作MN在V面的投影M_VN_V。

（3）A点的V面投影落在M_VN_V上。

（4）通过A点的H、V面投影求得W面投影。

扩展：利用"与投影面平行的线的投影为实形"这一特征，当已知某点的其中一个投影面的投影时，经过该点作该投影面的平行线作为辅助线，通过求得这个辅助线的其他面投影，来定位该点位置。

【例2】已知三棱柱与三棱锥相交，如图6-22a、图6-22b所示，三棱柱一个矩形表面平行于水平投影面，求两个几何体的交线。

分析：

（1）若想求交线位置，可先求交线端点位置。

（2）如图6-22c所示，由于三棱柱的一个矩形表面平行于水平面，所以，OM一定为水平线。假如在三棱锥表面经过交线端点O作一条水平线为辅助线，那么，在V面和W面投影中，该辅助水平线必与交线端点所在的棱线投影重合（因为同在一个等高面上）；在H面投影中，该辅助水平线与棱线OM的投影相交，这个交点就是交线的端点O。

解题步骤：

（1）如图6-22d所示，作辅助水平线。由于OM为水平线，在V面投影中，过点M_V作水平线交三棱锥棱线于A_V、B_V两点，此时A_VB_V与O_VM_V重合。

（2）通过三等关系，得出水平线AB的H面投影A_HB_H。

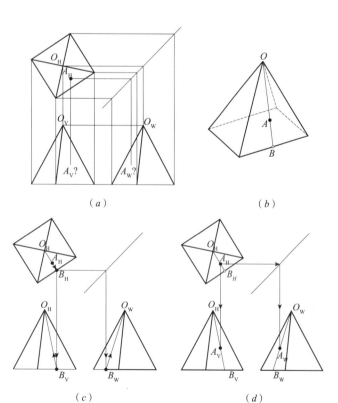

（a）　　　　　　　　　　（b）

（c）　　　　　　　　　　（d）

● 图6-20

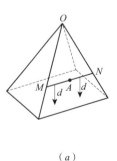

（a）

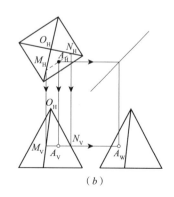

（b）

● 图6-21

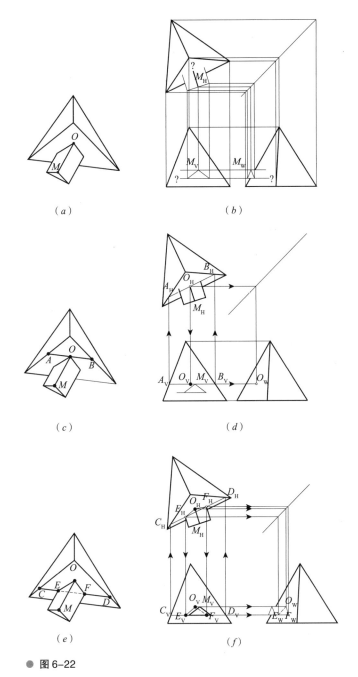

（a）

（b）

（c）

（d）

（e）

（f）

● 图6-22

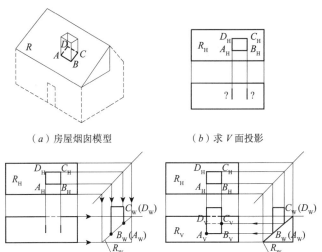

（a）房屋烟囱模型　　　（b）求V面投影

（c）求出W面投影，以确定交线高度　（d）通过W面求出交线端点的高度

● 图6-23

（3）H面投影中，$A_H B_H$与棱线$O_H M_H$的交点，即为O_H；通过三等关系，即可求出O点的其他两个投影面的投影。

（4）同理，可求出另外两个交线端点E、F，连接O、E、F，得出两个几何形体交线。

6.4.2 坡屋面的烟囱——投影面垂直面与投影面平行面相交

如图6-23a坡屋面R上设计一个烟囱，已知该

房屋及烟囱的水平面投影和房屋V面投影，求烟囱的V面投影图6-23b。

【解析方法一】利用投影面垂直面的投影特征，通过侧立面投影交点确定高度数据。

首先，根据H面、V面投影画出房屋及烟囱的W面投影图6-23c，通过烟囱与屋面侧立面的交点，求出交线高度图6-23d。

通过前面章节分析，坡屋面视为投影面垂直面，烟囱竖向四个面为投影面平行面，可判断出交线AB//CD，同时为投影面垂直线，AD//BC，同时是投影面平行线。因此，A和B、C和D在同一条投影面垂直线上。

总结：投影面垂直面上的点，可以通过集聚为一条线的投影来确定位置。

【解析方法二】根据"归属恒定"定律，用"特殊点辅助线法"求出交点。

如图6-24a过屋面上点A、C作一条辅助线交屋檐于点E、交屋脊于点F。根据"归属恒定"规律，点A、点C在EF上，EF在屋面R上，因此，他们投影的所属关系仍然不变，通过EF在H面上的投影，作出EF在V面上的投影，与烟囱侧壁投影交点即为点A_V、C_V。通过A_V、C_V作平行线交烟囱侧壁投影线于B_V、D_V。

【引申】除坡屋面烟囱问题外，还有坡屋面天窗、楼梯间等问题（图6-25），都可采用辅助线解决。

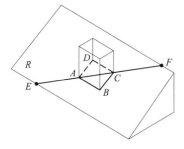

（a）辅助线在模型中的位置

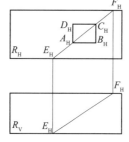

（b）EF 在 H 面投影

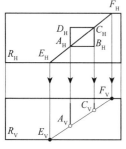

（c）EF 在 V 面投影

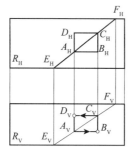

（d）EF 在 V 面投影

● 图 6-24

6.4.3 同坡屋面的相交

当组成坡屋面的各个平面与水平面的夹角都相等时，称为同坡屋面。同坡屋面的屋脊与屋檐平行。由于同坡屋面对称美观且设计和施工较为方便，从而较为广泛使用。

同坡屋面可以设计成双坡，也可以四坡、六坡或歇山等。当建筑各部分层数一致时，坡屋面屋檐应尽量保持在同一个水平面为宜。坡屋面各组成部分名称如图 6-26a 所示，由于天沟水平横向易积水，设计坡屋顶时应整体考虑，避免出现天沟（图 6-26b、图 6-26c）。

当建筑设计同坡屋顶时，常会遇到斜屋面的交贯及其投影的图面画法问题，由于同坡、正投影等绘图前提的限定，大大降低了图纸的复杂程度，现将同坡屋面的投影规律总结如下：

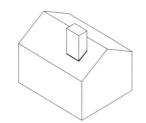 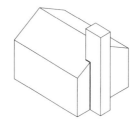 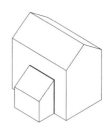

● 图 6-25

   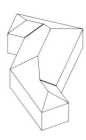

屋檐　　　　　　　平脊　　　　　　　斜脊　　　　　　　斜沟

（a）坡屋面各部分名称

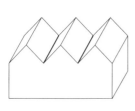  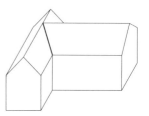

（b）天沟　　　　　　　（c）天沟不利于屋面排水，应改为斜脊

● 图 6-26

（1）相邻的同坡屋面交线（与屋檐相连的斜脊或斜沟）的水平投影，在屋檐夹角的角平分线上。如图6-27所示，每条斜脊/斜沟水平投影线都平分所在的屋檐投影夹角。

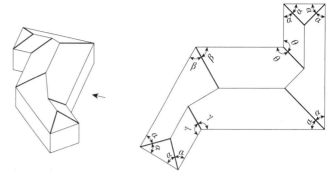

● 图6-27 相邻同坡屋面交线

（2）相对的同坡屋面交线（即平脊），与屋檐距离相等。水平投影中，平脊投影线平行于屋檐投影线，且与两屋檐投影线距离相等，如图6-28所示。

当相对屋檐不平行时，相对等坡屋面的交线在屋檐水平夹角的平分线上，如图6-29所示。

（3）屋檐边线为水平正多边形时，其同坡屋面的脊线交汇于一点，为攒尖顶，如图6-30所示，此时有几个屋面（或屋檐夹角），就有几条屋脊。

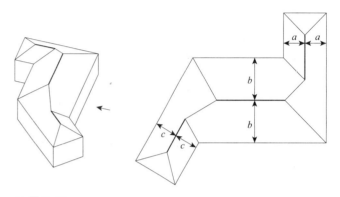

● 图6-28

（4）水平投影中，只要有两条脊线交汇于一点，说明有三个屋面交汇，因此必有第三条脊线相交，如图6-31所示。

（5）正投影和侧投影中，当屋面是正垂面（或侧垂面）时，其投影反映屋面的真实坡度；相互平行的屋面，他们的投影线也相互平行，如图6-32所示。

（6）同坡屋面的屋脊高度与房屋跨度成正比，跨度越大，屋脊线越高，如图6-33a所示；不同跨度的屋面相交时，跨度小的屋面插入跨度大的屋面上，不同高度的屋脊由一条斜脊连接，如图6-33b所示。

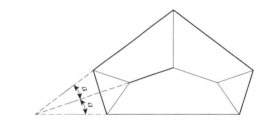

● 图6-29

（7）假设屋面被一个水平面截交，交线是等高线，那么等高线一定平行于屋檐边线且距离屋檐各

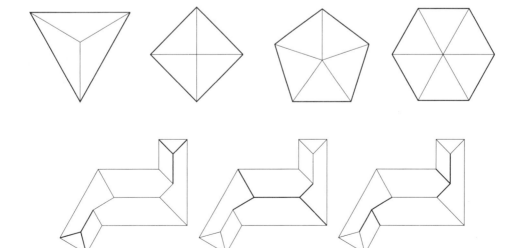

● 图6-30

● 图6-31

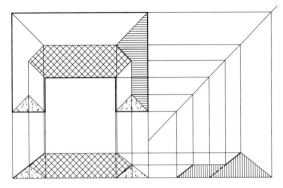

● 图 6-32

边相等，此时斜脊或斜沟一定经过该等高线拐点。可以根据等高线规律快速求出不同角度斜脊或斜沟，如图 6-34 所示。

（8）同坡屋面相交的问题，可从水平投影面入手。根据上述规律，从与屋檐相接的斜脊入手，找出平脊两端点，用斜脊连接高、低屋面的两个平脊，如图 6-34 为普通 L 形及衍生形式的屋面做法步骤。

6.4.4 斜面上的斜面——一般斜面相交

工程设计中经常遇到一般斜面体相交贯的问题，相交最常见的就是与坡屋面相接的老虎窗、斜穿的连廊、入口等，如图 6-35 所示，以下介绍一些解决的常用方法。

【例】某公园三棱锥式建筑入口门斗设计为坡屋面造型，如图 6-36 所示，已确定入口门斗的坡屋面屋脊线位置，求入口门斗与建筑主体之间的交线。

分析：从三视图中可以看出 AO 是空间中一般位置斜线，过 AO 存在一个铅垂面与建筑主体相交，如图 6-37a，求出交线 MN 与 AO 的交点 O 即可。

关键点：辅助线 MN 与 AO 在 H 面的投影重合，共面——铅垂面，相交——交于 O 点。

解题步骤：

（1）过 AO 作铅垂面。在 H 面投影中，延长 A_H 点所在屋脊线作直线各交棱于 M_H、N_H，如图 6-37b 所示。

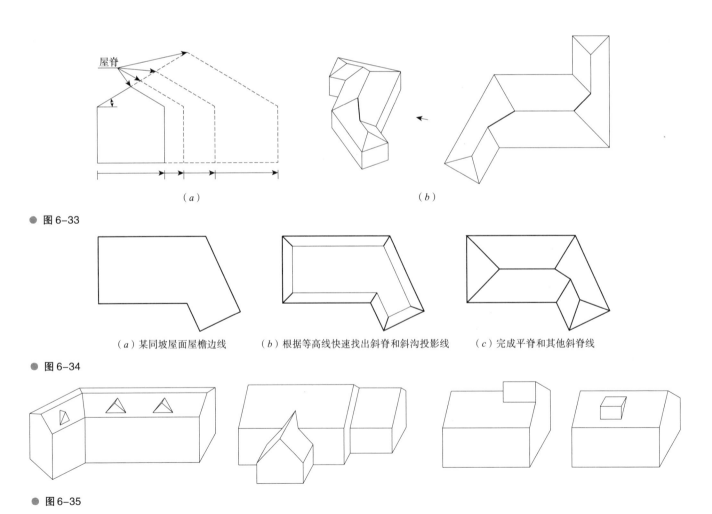

（a）

（b）

● 图 6-33

（a）某同坡屋面屋檐边线　　（b）根据等高线快速找出斜脊和斜沟投影线　　（c）完成平脊和其他斜脊线

● 图 6-34

● 图 6-35

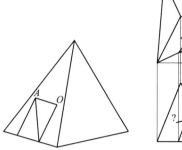
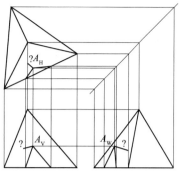

● 图6-36

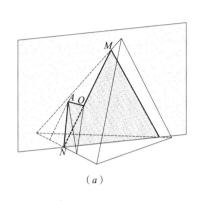

（a）

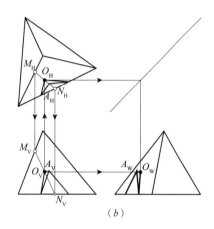

（b）

● 图6-37

（2）根据三等关系，作出 MN 在另两个投影面的投影。

（3）延长 A_V 所在屋脊线交 $M_V N_V$ 于点 O_V。

6.5　剖面图

6.5.1　概念

如图 6-38a 所示，假想用一剖切面切开物体，移去剖切面和观察者之间的部分，将剩余部分向投影面正投影，所得的图形称为剖面图，简称剖面。

断面图是在剖面图基础上，只绘出被剖切的部分。

6.5.2　剖面图绘制方法

如 6-38b 剖面图除应画出剖切面切到部分的图形外，还应画出沿投射看到的部分，被剖切面切到部分的轮廓线用粗实线（0.7b 线宽）绘制，剖切面没有切到但看到的部分，用细实线（0.5b 线宽）绘制。

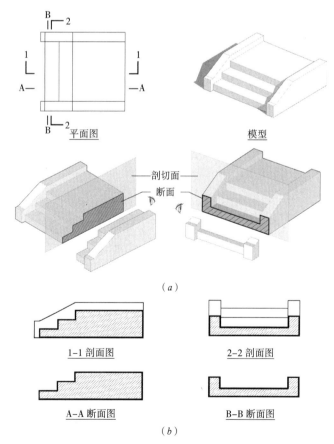

● 图6-38

断面图则只需用粗实线（0.7b 线宽）画出剖切面切到的图形。

详细的建筑剖面图画法见第 14 章 "建筑方案剖面图"。

6.5.3 剖切符号绘制方法

剖切符号宜优先选择国际通用方法表示（图 6-39a），也可用常用方法（图 6-39b），同一套图纸应选用一种表示方法。

6.5.3.1 国际通用剖视法

（1）剖面剖切索引符号应由直径为 8~10mm 的圆和水平直径以及两条相互垂直且外切圆的线段组成，水平直径上方应为索引符号，下方为图纸编号。线段与圆之间应填充黑色并形成箭头表示剖视方向，

索引符号应位于剖线两端；断面及剖视详图符号的索引符号应位于平面图外侧一段，另一端为剖视方向线，长度为 7~9mm，宽度宜为 2mm（图 6-40）。

（2）剖切线与符号线宽应为 0.25b，需要转折的剖切位置应连续绘制。

（3）剖切号的编号宜由左至右、由下至上连续编排。

6.5.3.2 常用剖切符号、断面符号画法

（1）剖面的剖切符号应由剖切位置线及剖视方向线组成，均应以粗实线绘制，线宽宜为 b。

（2）剖切位置线的长度宜为 6~10mm，剖视方向线应垂直于且短于剖切位置线，宜为 4~6mm。

（3）注意：绘制时，剖视剖切符号不应与其他图线相接触。

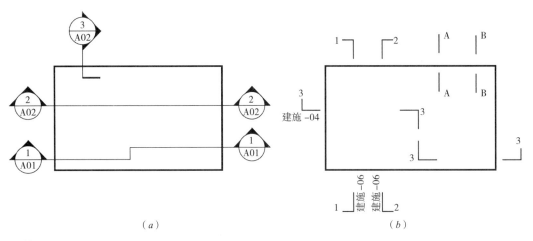

（a） （b）

● **图 6-39 剖切符号**

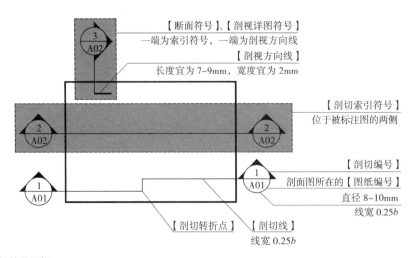

● **图 6-40 国际通用剖视符号图解**

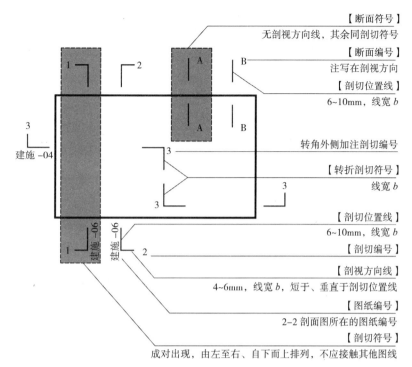

● 图6-41　常用剖切符号、断面图号图解

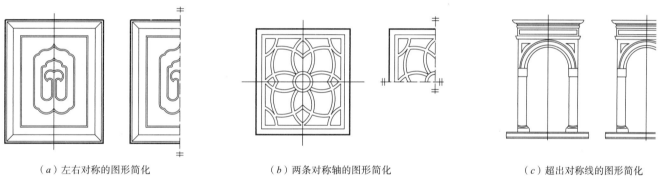

（a）左右对称的图形简化　　　　　（b）两条对称轴的图形简化　　　　　（c）超出对称线的图形简化

● 图6-42

（4）剖视剖切符号的编号为阿拉伯数字、罗马数字或拉丁字母，粗体，按剖切顺序由左至右、由下至上连续排列，并应注写在剖视方向线的端部（图6-41）。

（5）当剖切符号与剖切图不在同一张图时，应在剖切位置线的另一侧注明所在图纸编号，也可在图上集中说明。

6.6　视图的简化画法

6.6.1　对称的物体

当物体的视图有一条对称线，可只画该视图的一半，如图6-42a所示；视图中有两条对称线，可画该视图的1/4，并画出对称符号，如图6-42b所示。图形也可超出对称线，此时可不画对称符号，如图6-42c所示。

物体需要画剖面或断面时，可以以对称符号为界限，一半画视图、一半画剖面图（或断面图），如图6-43所示。

6.6.2　超长均质或需省略的物体

当物体某部分较长，且在此范围内均质或按一定规律变化，图面无法完全画出来的时候，可用折断线断开省略绘制；若图纸只需显示其中一部分，可只画该部分，同样用折断线与需要省略的部分断开，如图6-44所示。

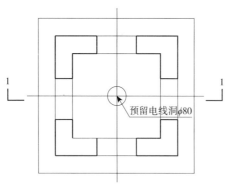
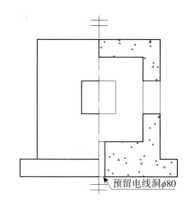

景观灯箱平面图 1:1   1-1 剖面图 1:1

● 图 6-43

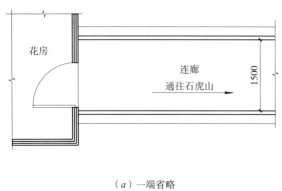

（a）一端省略   （b）中部省略

● 图 6-44

同坡屋面水平投影绘制步骤   表 6-2

类型	屋檐边线水平面投影	第一步：画出与屋檐相连的斜脊或斜沟	第二步：找出平脊位置，并确定端点位置	第三步：用斜脊连接高度不同的平脊端点
等跨度屋面交汇	等跨度中部直插	跨度相等的屋面交汇，其平脊等高，在同一水平面上相交		
	等跨度端部直插	平脊到两边屋檐距离相等		
	等跨度端部斜插	平脊到两边屋檐距离相等		

续表

类型	屋檐边线水平面投影	第一步：画出与屋檐相连的斜脊或斜沟	第二步：找出平脊位置，并确定端点位置	第三步：用斜脊连接高度不同的平脊端点
不同跨度屋面交汇	不同跨度中部直插	插入式的高低等坡屋面，他们的平脊不相连		—
	不同跨度端部直插	端部相连的两个屋面，端部的两个坡屋面是共面的		
	不同跨度中部斜插	插入式的高低等坡屋面，他们的平脊不相连		
	不同跨度端部斜插	确定下两个不同高度平脊的端点，然后通过斜脊相连		
多屋面交汇	U形交汇	不等高的平脊需要确定两端点后，通过斜脊相连		
	三叉形交汇	利用辅助线找出主坡屋面的斜脊，确定平脊端点位置		

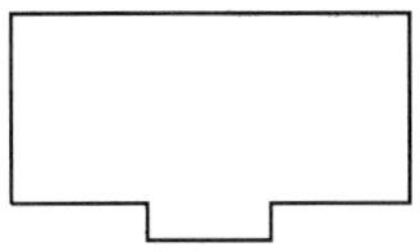

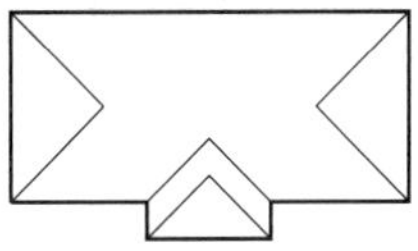

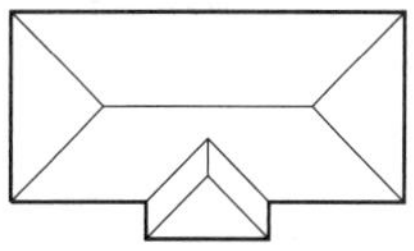

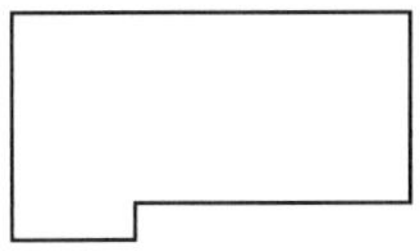

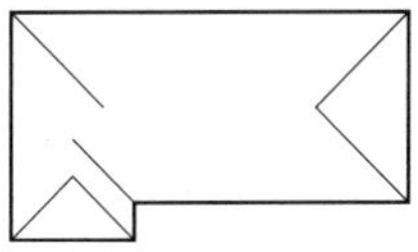

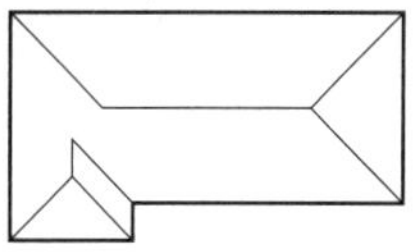

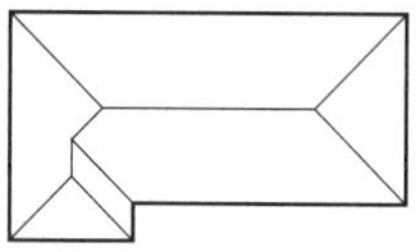

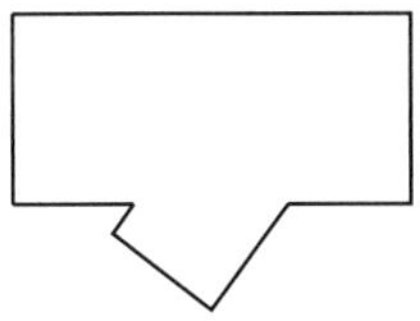

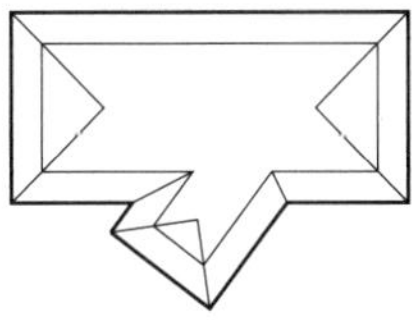

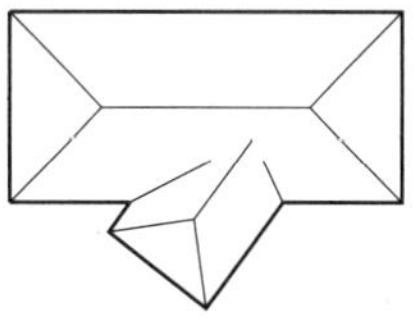

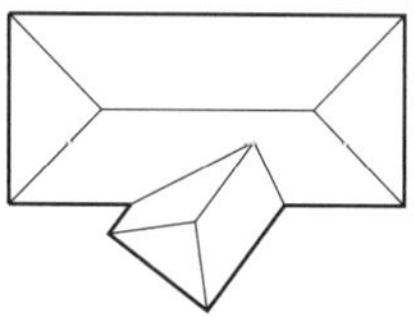

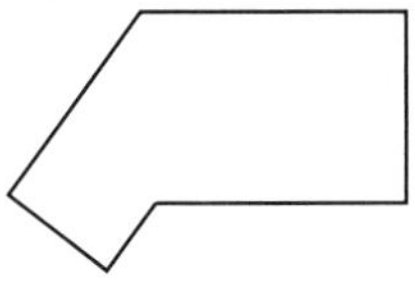

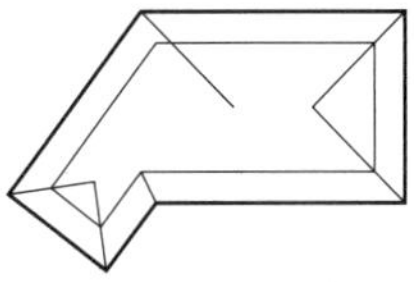

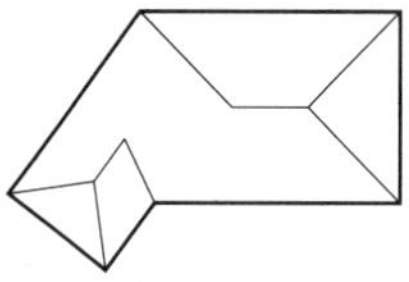

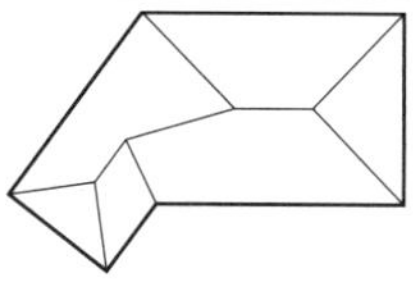

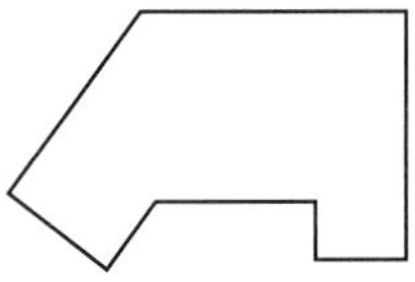

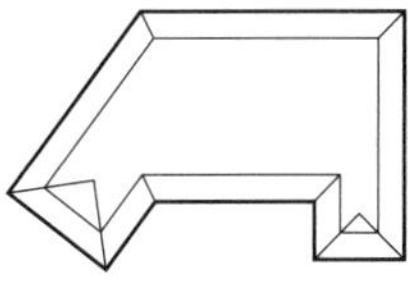

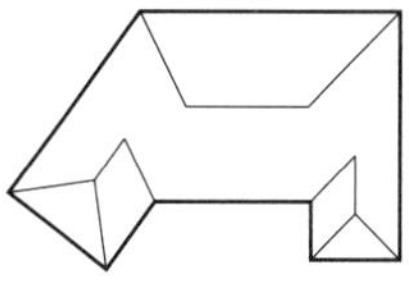

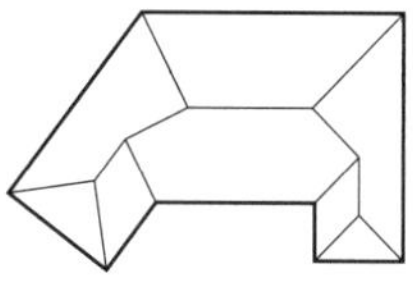

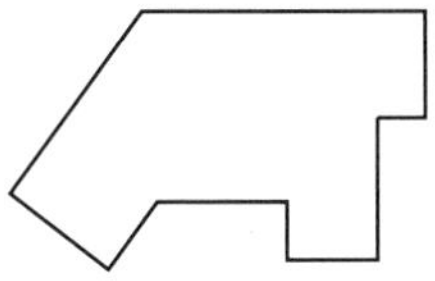

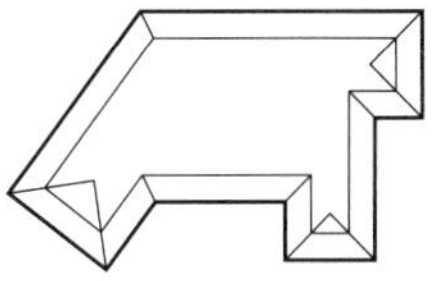

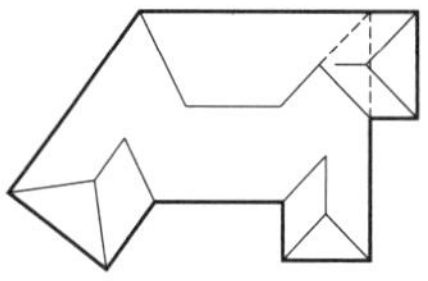

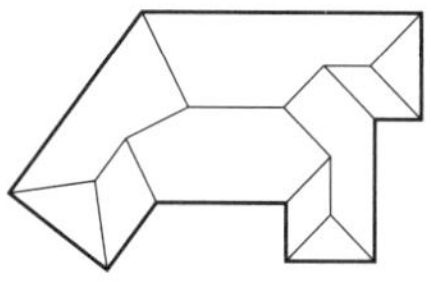

063

| 第 7 章　曲面体的投影 |

建筑设计中，常会运用到曲线或曲面以丰富建筑形体。这些由曲面或曲面和平面共同形成的立体，统称为曲面立体，简称曲面体。常见的曲面立体为回转体，如圆柱、圆锥、圆球和圆环等。

建筑工程的曲面体随处可见，如拱门、烟囱、圆柱、原型攒尖屋面、拱顶、管道、大型公建等（图7-1）。

7.1　曲线

7.1.1　曲线定义及分类

曲线是动点在运动时，方向连续发生变化形成的轨迹。曲线分为平面曲线和空间曲线。

线上各点处于同一个平面的曲线称为平面曲线，如圆、椭圆、双曲线、抛物线、各种平面曲线相切组成的组合平面曲线、曲面与平面的交线等，如图7-2所示。

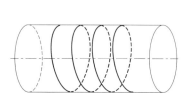
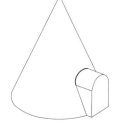

● 图7-3　空间曲线

线上各点不同在一个平面的曲线称为空间曲线，如螺旋线、曲面与曲面的交线等，如图7-3所示。

7.1.2　曲线投影特征
7.1.2.1　平面曲线投影特征

当平面曲线所在平面垂直于投影面时，根据投影的集聚性，投影集聚为直线，如图7-4a所示。平面曲线所在平面平行于投影面时，其投影反映实形，如图7-4b所示。

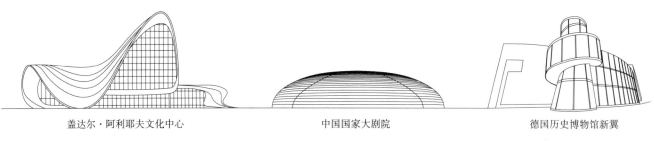

盖达尔·阿利耶夫文化中心　　　　中国国家大剧院　　　　德国历史博物馆新翼

● 图7-1

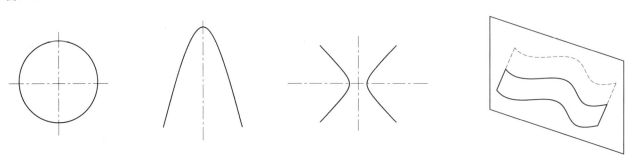

● 图7-2　平面曲线

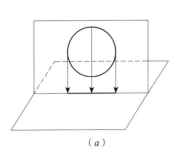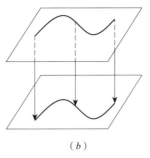

（a）　　　　　（b）

● 图7-4　平面曲线投影

7.1.2.2　空间曲线投影特征

通常情况下，空间曲线的投影仍为曲线。

以圆柱螺旋曲线为例，该曲线可视为在一个动点绕圆柱轴线作等距、匀速上升圆周运动的轨迹。如图7-5所示，将圆柱底边圆周12等分，并将各等分点的高度值 H 以等差数列逐次分布到 V 面、W 面投影中，所形成1~12各点的立面投影用平滑曲线分别连接正弦曲线、余弦曲线。建筑设计中螺旋曲线的投影图就是利用圆柱螺旋曲线的投影方法来绘制的。

根据圆柱螺旋线的投影原理，可绘制出建筑设计中常用的旋转楼梯的投影图，如图7-6所示，图中假定梯段结构厚度与踏步高度相等（$h_1=h_2$），踏面位置每转动一格，上升一步。

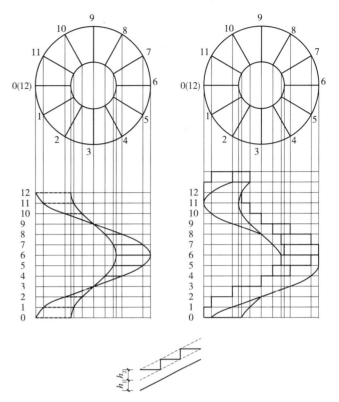

● 图7-6

7.2　曲面

7.2.1　曲面构成要素

曲面可以看作是一条直线或曲线在空间连续运

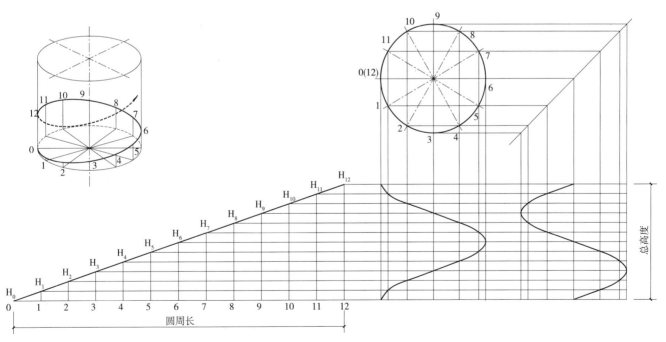

● 图7-5　圆柱螺旋曲线

动所形成的轨迹。将这条形成曲面的动线称为母线；它在曲面中的任一位置称为曲面的素线；用来控制母线运动的点、线、面分别称为导点、导线和导面。

7.2.2　曲面类型

根据母线形状、运动规律、运动方式等因素的不同，可形成不同类型的曲面，如表 7-1 所示。

曲面的分类　　　　　　　　　　　　　　　表 7-1

分类标准		曲线类型	定义	举例	设计案例
母线 移动方式		平移曲面	由平面曲线沿一个方向运动而形成的曲面	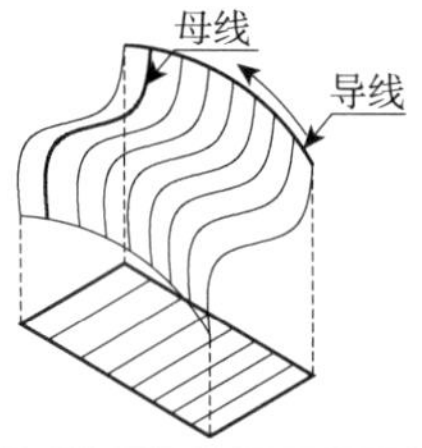	 纽约肯尼迪机场
		回转曲面	一条直母线或曲母线绕一条轴线旋转一周所生成的曲面	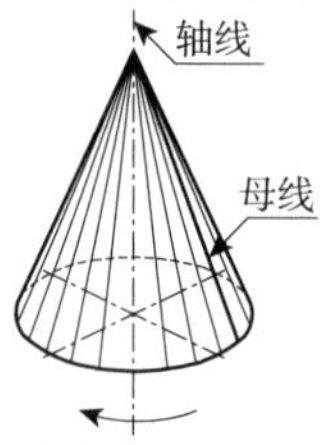	 纽约古根海姆博物馆
		螺旋曲面	母线（直线或曲线）以旋转轴为中心进行螺旋运动所形成的面。其中，母线垂直旋转轴时称为正螺旋面；母线不垂直旋转轴时称为斜螺旋面	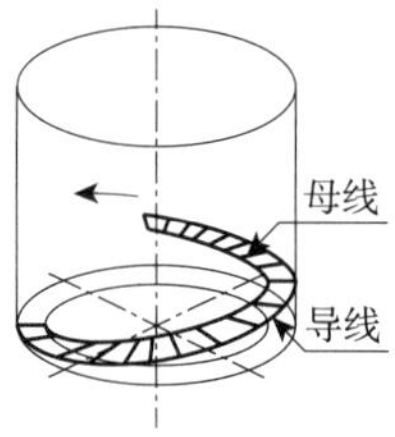	 梦露大厦
曲面 是否可展		可展曲面	能展开成平面的曲面。可展曲面上每一点处高斯曲率为零，如柱面、锥面。一般只有直纹曲面才有可展曲面与不可展曲面之分，双曲曲面都是不可展曲面	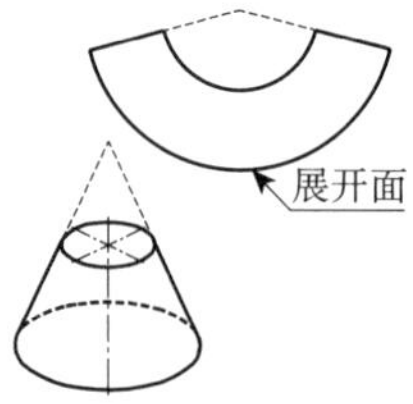	 代尔夫特理工大学图书馆
		不可展曲面	不能展开成平面的曲面，该曲面称为不可展曲面，如圆球；螺旋面如椭圆面、椭圆抛物面、曲线回转面等曲面上素线是交叉的，或母线是曲线的曲面，均为不可展曲面		 罗马小体育馆
母线形状	曲母线曲面	定母线曲面	母线在沿一曲导线运动过程中，母线的基本形不变，运动的方向、角度可以按一定规律变化	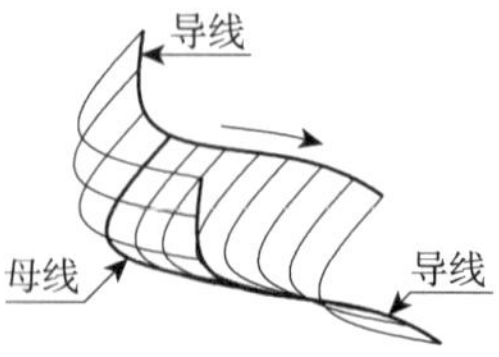	 望京 soho
		变母线曲面	母线在沿一曲导线运动过程中，母线的形状、运动的方向、角度呈现变化且规律不十分明确	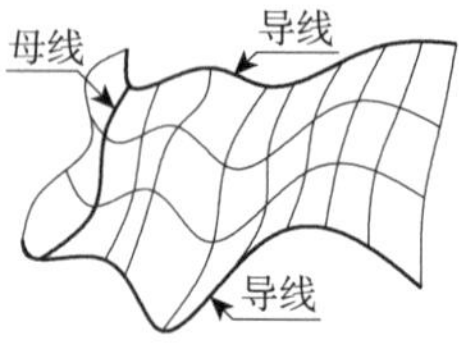	 毕尔巴鄂古根海姆 美术馆

续表

分类标准	曲线类型	定义	举例	设计案例
母线形状	柱面	直母线沿着曲线导线平行移动所形成的曲面	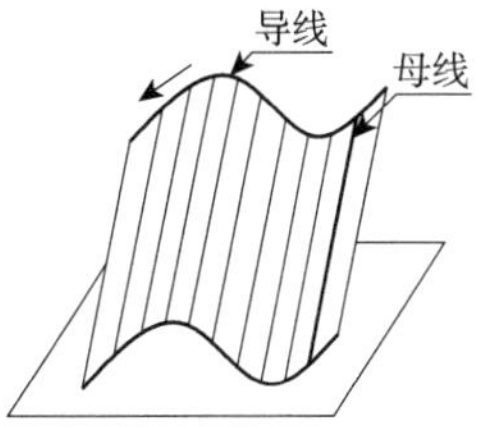	 英国皇家战争博物馆北馆
	锥面	过一固定点的直母线沿曲导线运动所形成的曲面	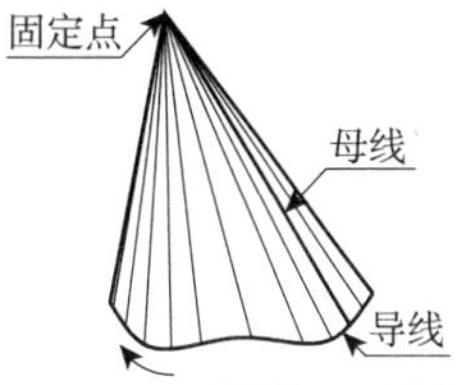	 澳门科学馆
	切线曲面	直母线始终切于一空间曲导线，所形成的曲面为切线曲面。当曲导线为圆柱螺旋线时则形成渐开线螺旋面，是工程中应用最广泛的切线曲面	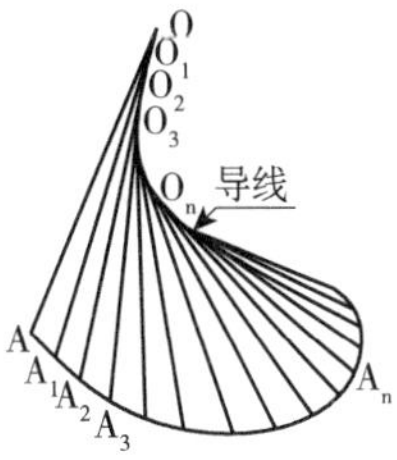	 东京代代木体育馆
直母线曲面（直纹曲面）	柱状面	由一条直母线沿两条曲导线，并始终平行于一个导线平面移动所形成的面	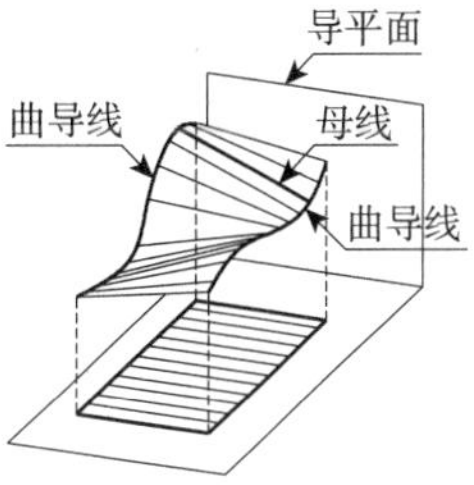	 卡延大厦
	锥状面	由一条直母线沿着一条直导线和一条曲导线，并始终平行于一个导平面移动所形成	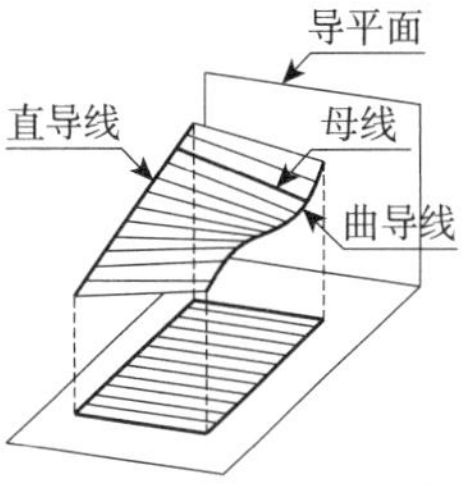	 世界木材交易大会展览中心
	双曲抛物面	由一条直母线沿两条直导线，并平行于一个导平面运动而成的面，又称扭平面。其导面必须平行于两条直导线同一侧端点的连线	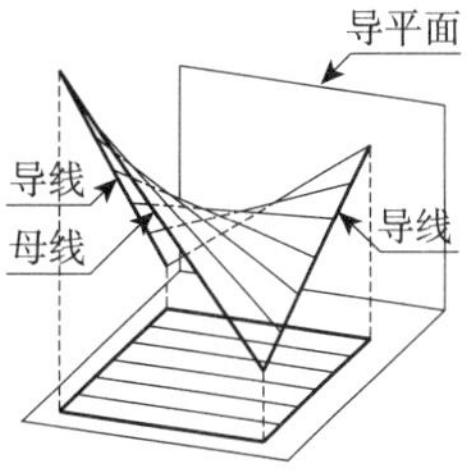	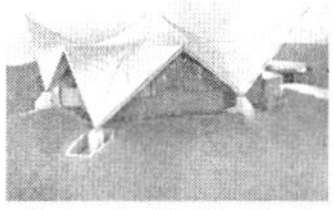 艾洛依休斯教堂
	单叶回转双曲面	由一条直母线围绕与其异面的轴线旋转而成的曲面	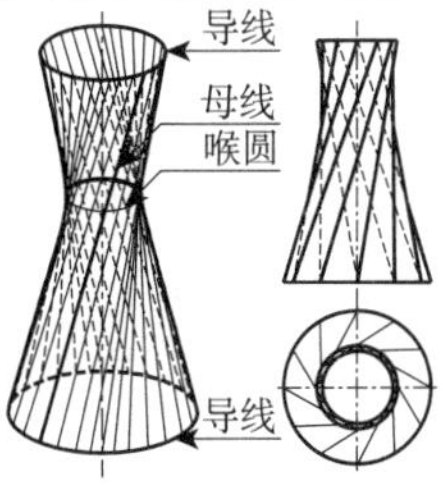	 广州塔

7.3 曲面上点的投影

同一曲面的形成方法有多种，母线与导线互换时可以形成同一曲面，不同母线同一导线也可以形成同一曲线。以圆柱体为例，如图7-7中的圆柱体可以通过直线母线绕轴旋转而成，圆形母线沿直线导线运动而成，异形母线沿轴线旋转而成。

曲面体的正投影图绘制中，需注意三个要点：

（1）确定出决定曲面组成元素的投影：母线、导线、导面。

（2）多种途径均可构成的曲面，应优先选择母线、导线最为简化的方法，以便于投影图的绘制。

（3）准确勾画出曲面体外形线，以确定投影范围。

7.3.1 直纹曲面上点的投影——素线法
7.3.1.1 圆柱体的投影特征

以底面为水平面的圆柱为例，如图7-8投影有如下特征：

（1）如图7-8a，圆柱上底、下底的投影完全重合。

（2）如图7-8b，柱面上的素线水平投影为一点，集聚在底面圆周；柱面上所有图形的投影，均集聚在该圆周上。

（3）如图7-8b，柱面上的素线正投影、侧投影为实形——一条垂直于底面的线。

（4）如图7-8c，等距的素线在水平面的投影，是排列均匀的点；在正投影及侧投影中的投影，是由中心轴向两侧间距递减的平行线。

7.3.1.2 直纹曲面上点的定位方法——素线法

【例】如图7-9a已知圆柱上一点A正投影A_V，求A_H和A_W。

分析：素线法。对于直纹曲面，一般使用素线作为辅助线。通过找出A点所在素线的投影位置，根据投影归属恒定规律，A点在其他投影面中的投影也在素线的投影上。

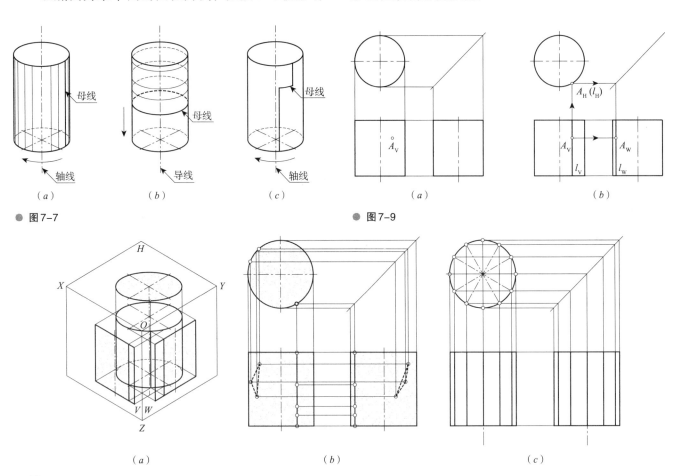

（*a*）　　　　　　　　　（*b*）
● 图7-7

（*a*）　　　　　　　　　（*b*）
● 图7-9

（*a*）　　　　（*b*）　　　　（*c*）
● 图7-8

具体步骤，如图 7-9b 所示：

（1）作素线 l_V 过点 A_V，并作出素线 l 在 H 及 W 面的投影 l_H 和 l_W。

（2）根据三视图三等关系，由 A_V 与 A_W 高度相等，求出 A_W 位置。

7.3.2　曲母线曲面上点的投影——等高线法

7.3.2.1　圆球的投影特征

以圆球为例，如图 7-10a，圆 h、v、w 均为赤道圆[①]，圆 i 是与赤道圆 h 平行、圆心在同一对称轴的纬圆[②]。可以看出，圆球投影有如下规律：

（1）在三个投影面中的投影轮廓线，实际上就是分别平行于三个投影面的赤道圆的投影。

（2）圆心经过同一旋转轴，平行于同一投影面的纬圆和赤道圆，在该投影面中的投影是同心圆（赤道圆投影半径最大）；在另两个投影面中的投影是相互平行的线。

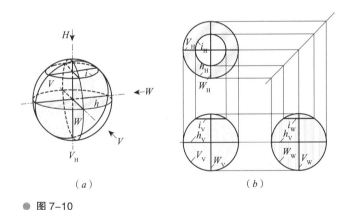

（a）　　　　　　　　（b）

● 图 7-10

7.3.2.2　曲母线曲面点的定位方法——等高线法

【例】如图 7-11，已知球上一点 A 的 V 面投影，求另两个投影。

分析：等高线法。可以理解为 A 点在平行于 H 面的某个等高线上，由于是在球面上，因此这条等高线是一个纬圆。

---

① 赤道圆（Equator Circle）是一种特殊的纬圆，回转曲面上半径最大的纬圆称为赤道圆。

② 纬圆（Latitudinal Circle）是回转曲面上任一点绕回转轴运动所形成的轨迹圆，也称为纬线。

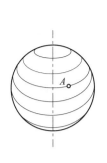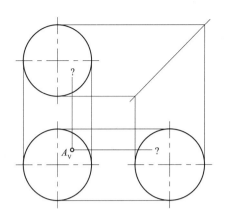

● 图 7-11

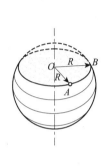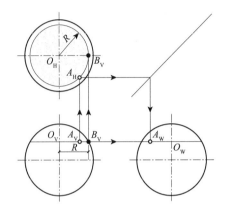

● 图 7-12

做法：

（1）如图 7-12，正立面投影中，找出 A 点所在纬圆。过 A 点作平行于 H 投影面的平行面，在 V 面投影中，应为经过 A_V 的一条水平线，交球体的 V 面投影轮廓线于点 B_V，此时 $O_V B_V$ 就是纬圆的半径。

（2）作出纬圆的水平面投影。以 $O_V B_V$ 为半径，O_H 为圆心，作出 A 点所在纬圆，同时根据 A_V 的位置，求出点 A_H。

（3）根据 A_V、A_H，求出 A_W。

7.4　曲面体相交

7.4.1　曲面体与平面体相交

7.4.1.1　圆球体的截面

由于球体是以圆为素线的旋转体，其截面是一个纬圆，球心和截面圆心连线垂直于截面，如图 7-13 所示。

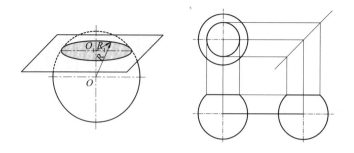

● 图7-13

7.4.1.2 圆柱体的截面

圆柱体与平面相交，截面与圆柱体位置关系不同，截面形状不同，见表7-2所列。

7.4.1.3 圆锥体的截面

假设圆锥体素线与轴线之间夹角为 α，平面与圆锥体相切，截面与圆锥轴线夹角为 β，那么，截

圆柱体的截面 表 7-2

	截面⊥素线	截面斜切两底面	截面斜切柱面	截面//素线
空间位置图				
截面角度位置				
截面三视图				
形状	圆	椭圆	椭圆与直线结合	矩形

交线的形状取决于 α、β 之间的关系。如图 7-14，当 $0 \leq \beta < \alpha$ 时，截交线为双曲线，此时若截面通过顶点，则截交线为三角形；$\beta = \alpha$ 时，截交线为抛物线；$\alpha < \beta < 90°$ 时，截交线为椭圆；$\beta = 90°$ 时，截交线为圆。相应的截面三视图如表 7-3 所示。

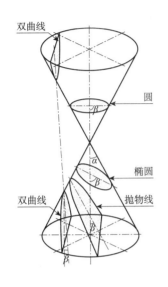

● 图 7-14

7.4.2 曲面体与曲面体相交

【例 1】某建筑入口形式是半球体和半圆柱面相交，已知正投影（图 7-15），求截交线的水平投影及侧投影。

解析：由于球形、圆柱面都是旋转体，要找出旋转体上的点，需要先找到它所在的特殊线。对于球体来说，所有的点都在纬圆上，对于圆柱面来说，所有的点都在素线上。两体块交线可以理解为一个

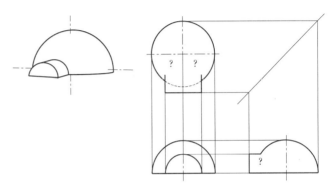

● 图 7-15

圆锥体的截面   表 7-3

	$0 \leq \beta < \alpha$		$\beta=\alpha$	$\alpha < \beta < 90°$	$\beta=90°$
	截面过顶点	截面不过顶点			
空间示意图					
截面角度示意					
三视图					
截交线形状	三角形	双曲线	抛物线	椭圆	圆

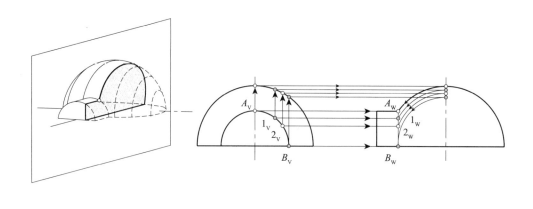

（a）　　　　　　　　　　　　（b）

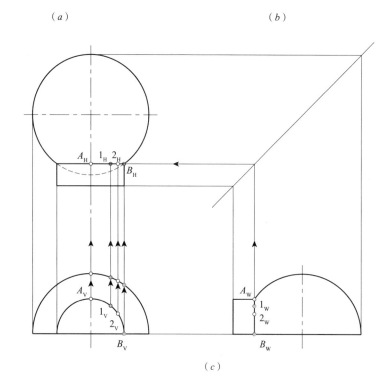

（c）

● 图 7-16

纬圆和相应的一根素线的交点的集合，如图 7-16a 所示。因此，该题目可用纬圆法和素线法结合来解。

步骤：

（1）模型中截交线既在圆柱面上，也在半球面上。由于半球面和半圆柱面是对称体，因此只需求出对称轴一侧的截交线，可通过对称得到另一侧的截交线。

（2）设正投影面一侧截交线的最高点为 A，最低点为 B，从 A 点到 B 点的截交线上，依次选取 1、2、3……

（3）如图 7-16b 所示，作各点的 W 面投影，并连接成平滑截交线。最高点 A_V 既在圆柱面最高的

素线上，也在半球的赤道线上。因此，其侧投影面投影是在两个体块轮廓线的交点。同理，随机点 1_V 既在圆柱面某素线上，也在半球的纬圆上，通过正投影和侧投影的高度对等关系找出素线位置，再通过 1_V 对应的竖向纬圆半径，找出所在纬圆与素线的交点；同理找出 2_W、B_W 等点的位置。将 A_W、1_W、2_W……B_W 等点连接，并作对称轴另一侧投影，各点所在截交线的 W 面投影为一条直线。

（4）如图 7-16c 所示，由点 A、1、2、B 的正投影及侧投影，求出水平投影，并连接，同时作对称轴另一侧投影，水平投影为一条直线。

第8章　轴测图

8.1　轴测图概念

　　三视图中的平行投影中，每张图反映物体某个面的真实形状和尺寸，利于作图及设计。但这样的二维图形不够逼真，不能反映物体空间的形态（图8-1a）。

　　于是我们将物体投影角度进行调整，使三个面同时在一个投影面中反映出来，此时得到的就是轴测图（图8-1b）。轴测图较三视图来说更接近于人的视觉习惯。由于轴测图采用正投影原理得出，因此图形中三维尺寸与实形成一定的比例关系，可以通过运算在图纸上直接量取作图，便于快速展现设计形态，因此常常作为工程图纸中的辅助图。

8.2　轴测图的形成

　　前面几章讲到的三视图，是将物体置于相互垂直的投影面之间，用分别垂直于各投影面的平行投射线进行投射而得到的，每张视图只呈现两个坐标轴方向（图8-2）。

　　而在轴测图中，是用一组平行投射线将物体三个坐标轴一起投射到投影面上，得到的视图反映三个坐标轴方向（图8-3）。

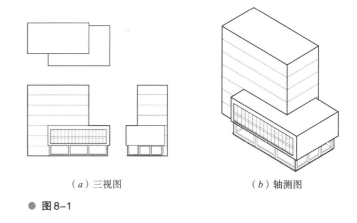

（a）三视图　　　　　　　　（b）轴测图

● 图8-1

8.3　轴测图的分类

　　根据物体及投射线与投影面的夹角不同，可以将轴测图分为三类：

　　第一类，投射线垂直于投影面，但物体三个方向坐标轴与投影面倾斜，得到的投影图称为轴测正投影，简称正轴测（图8-3a）。

　　第二类，投射线倾斜于投影面，但物体两个坐标轴与投影面平行，得到的投影图称为轴测斜投影，简称斜轴测（图8-3b）。

　　第三类，投射线不垂直于投影面，物体任意两

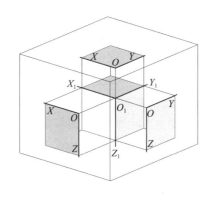

● 图8-2

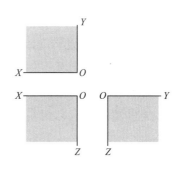

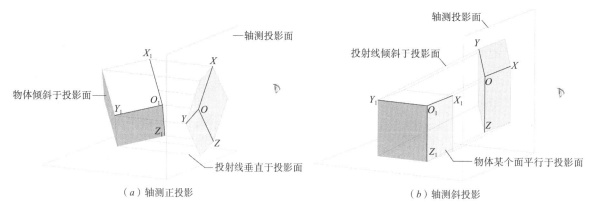

（a）轴测正投影

（b）轴测斜投影

● 图 8-3 轴测图的类型

个方向坐标轴也都不平行于投影面，此类轴测图由于变量较多，不便于制图，因此我们不作讨论。

物体上三个方向坐标轴投射到投影面中，投影中三轴共面，其间的夹角称为轴间角，如图 8-3 中，∠XOY、∠XOZ、∠YOZ 均为轴间角。

8.4 轴测图的特征

为了能根据物体真实尺寸迅速绘制出一定比例的轴测图，我们应了解其原长与投影长度之间存在哪些比例关联，这与投射角度、物体三个方向坐标轴与投影面的夹角有直接关系：

（1）同一个物体，若投射角度或三个方向坐标轴与投影面的夹角改变，则轴测图中的轴间角和坐标轴的方向均随之改变。

（2）由于投射线是平行投射到投影面的，因此，一对直线在物体中平行，则投射到轴测图中仍平行；一条分段的直线，经投射后，在轴测图中的分段比例仍不变。因此，在轴测图中，物体中平行于坐标轴的直线，均可沿轴的方向量取；不平行于坐标轴的直线在轴测图中的位置，可通过定位两端点的轴向坐标来确定。

（3）一条直线与投影面平行，则其投影长度不变；一条直线倾斜于投影面，则其投影缩短。

我们将物体轴测轴上的单位长度与相应投影轴上的单位长度比值称为轴向伸缩系数，简称伸缩系数或缩短系数（图 8-4）。OX 轴、OY 轴、OZ 轴三个方向是伸缩系数分别用 p、q、r 表示。

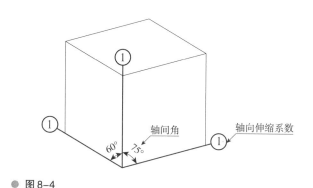

● 图 8-4

$$轴向伸缩系数 = \frac{投影长度}{实长}$$

当三个方向坐标轴与投影面的夹角不同时，轴向伸缩系数也是不同的。为了方便作图，我们需要寻找简单的伸缩系数以及它所对应的轴间角。

8.5 轴测图的分类与伸缩系数的调整

便于三角板制图的常用角度为 15°、30°、45°、60°、75°、90°，因此我们探寻轴间角处于这些数值的情况下，相应的轴向伸缩系数及其调整。

8.5.1 轴测正投影

在正投影情况下，当物体三个方向坐标轴与轴测投影面的倾斜角度均相等时，轴向伸缩系数相等，三个轴间角也相等，称为三等正轴测或正等轴测（图 8-5a）。

正等轴测是较为常用的轴测图。由于三个轴的伸

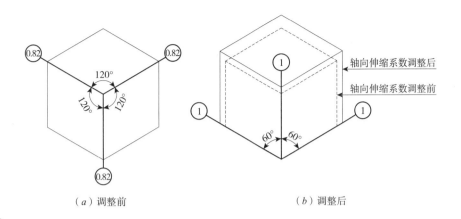

（a）调整前　　　　　　　　　　　　　　（b）调整后

● 图 8-5　正等轴测

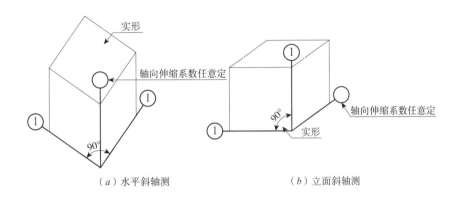

（a）水平斜轴测　　　　　　　　　　　　（b）立面斜轴测

● 图 8-6

缩系数均为 0.82，所以绘图时为方便起见可将伸缩系数均调整为 1，且三轴移至物体底部，Z 轴自底部向上为正向（图 8-5b），此时的图纸投影特征不变，只是较原图等比放大了，且便于建筑单体自平面而上的绘制。

8.5.2　轴测斜投影

在轴测图的选择绘制中，我们可以将物体摆正，使其中一个面与投影面平行，此时无论投射角度怎样变化，与投影面平行的这个面，投影始终不变。通常，我们会选择物体的水平面或正立面平行于与投影面。

在斜投影中，若物体的水平面平行于轴测投影面，该水平面的投影反映实形，称为水平斜轴测（图 8-6a）；若物体的正立面平行于轴测投影面，该立面的投影反映实形，称为立面斜轴测（图 8-6b）。

在斜轴测中，为使成像效果逼真，Z 轴常为铅垂线；平行于轴测投影面的面，轴测投影反映实形，与该面垂直的坐标轴，其轴测投影的角度与轴向伸缩系数均随着投射线的角度改变而改变，可根据制图需要来调整。

8.5.3　几种常用的轴测

在绘制轴测图时，按照一定的轴间角和伸缩系数，可以快速呈现物体的轴测图形，以下是一些常用轴测图的轴间角及各轴向伸缩系数（表 8-1）：

绘制轴测图时的轴间角和伸缩系数　　　　　　　　　　　　　表 8-1

	轴测图及伸缩系数	轴测图调整后的伸缩系数
正轴测		

续表

	轴测图及伸缩系数	轴测图调整后的伸缩系数
正轴测		
斜轴测		

8.6　轴测图的做法

8.6.1　轴测图作图基本步骤

在二维的纸面上绘制三维空间的投影基本步骤如下：

（1）根据观看物体的角度，确定物体的坐标原点及三个轴向。

（2）选取轴测图种类，确定轴测轴、轴间角及相应轴向伸缩系数。

（3）分别量取物体各关键点在坐标轴上对应的坐标值，将这些坐标值绘制在轴测轴中。

（4）最后，加深图形线，完成轴测轴。

8.6.2　轴测图基本作图方法

8.6.2.1　关键点作图法

【例】已知三棱锥的三视图（图8-7），求作它的正等轴测图。

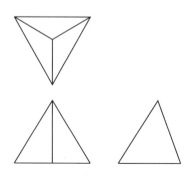

● 图8-7

【解】作出轴测轴，沿轴量取各关键点坐标尺寸，步骤如图 8-8 所示。

8.6.2.2 叠加法

【例】绘制小建筑轴测图（图 8-9a）。

【解】叠加法。可分三块依次添上去，步骤如图 8-9b~ 图 8-9f 所示。

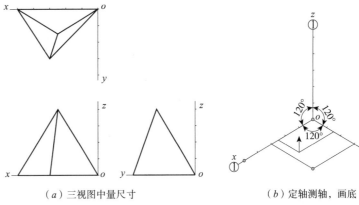

（a）三视图中量尺寸　　　　　（b）定轴测轴，画底

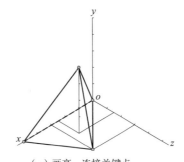

（c）画高，连接关键点　　　　　（d）完成

● 图8-8

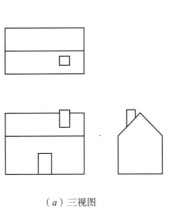
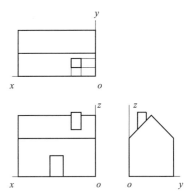

（a）三视图　　　　　　（b）三视图中定坐标轴

（c）定轴画底，画平行线连接　　　（d）以第一块顶面为底，作坡屋面

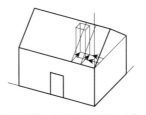

（e）以第一块顶面及坡屋面为底，作烟囱　　　（f）完成

● 图8-9

8.6.2.3　斜轴测法

对于某个投影面较为复杂的物体，可使用斜轴测法。

【例1】用正面斜轴测画建筑山墙面（图8-10）。

【解】正面斜轴测的特点是：正立面反映实形，侧立面的轴测角度、变形系数可自拟，作图步骤如图8-11。

【例2】已知建筑平面图和立面图（图8-12a），求作平面分析图的轴测图底图。

【解】水平斜轴测的特点是：水平面反映实形，水平面的轴测角度、变形系数可自拟，作图步骤如图8-12b、图8-12c所示。

【例3】已知建筑群体的总体规划平面图，求作建筑群体的鸟瞰图。

【解】由于水平面已知，因此利用水平面斜轴测图的特征，将总平面旋转一定角度，以便看到建筑物的三个立面，以该平面图为底，给各个建筑物立高，完成总体规划鸟瞰图，如图8-13所示。

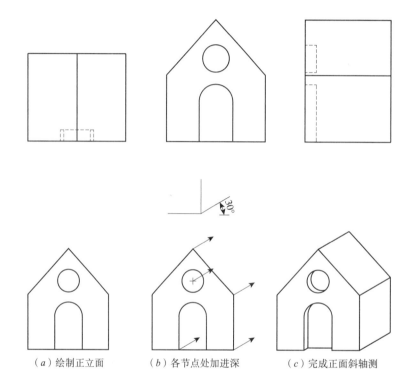

● 图8-10

（a）绘制正立面　　　　（b）各节点处加进深　　　　（c）完成正面斜轴测

● 图8-11

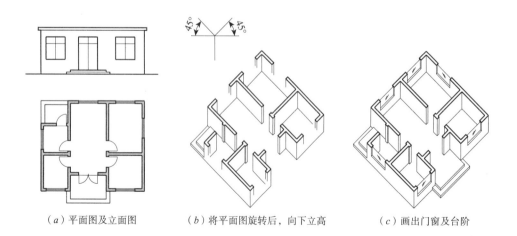

（a）平面图及立面图　　　　（b）将平面图旋转后，向下立高　　　　（c）画出门窗及台阶

● 图8-12

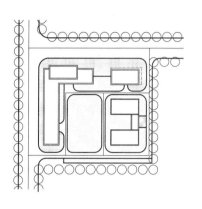
（a）规划平面图

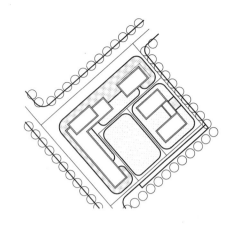
（b）将平面图旋转到合适角度

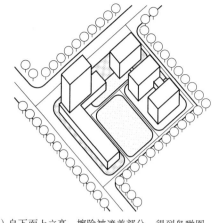
（c）自下而上立高，擦除被遮盖部分，得到鸟瞰图

● 图8-13

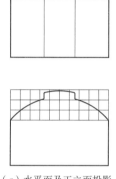
（a）水平面及正立面投影

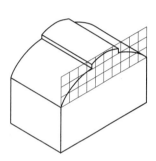
（b）正等轴测图

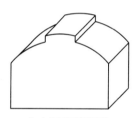
（c）正面斜轴测图

● 图8-14

8.6.2.4　网格法

当建筑物（构筑物）呈现不规则形状时，可辅助网格确定轴测图。

【例】用正等轴测及正面斜轴测画厂房轴测图。

【解】在正立面视图中画上辅助网格线，在正等轴测图中必须根据网络线找到曲线的关键点，再加厚；在正面斜轴测图中直接在正立面投影的基础上加厚度（图8-14）。

8.6.2.5　圆的轴测图画法

圆的轴测图一般根据其外切正方形来辅助完成。圆的外切正方形的轴测图有菱形或平行四边形等。当圆的外切正方形的轴测投影为菱形时，可用四心椭圆法画近似椭圆；外切正方形的轴测投影为平行四边形时，可以用八点圆法作椭圆。

四心椭圆法的做法：过菱形四边中点作垂线，四条垂线两两分别交于4个点：O_1、O_2、O_3、O_4。

分别以这四个交点为圆心、交点到垂足的距离为半径，作弧。四个弧首尾相接形成内切近似椭圆（图8-15）。

八点圆法：找出圆中8个关键点（图8-16a），分别是：四个切点 M_1、M_2、M_3、M_4，圆与外切正方形 ABCD 的对角线四个交点 1、2、3、4。

如图8-16b，过点 A、M_1 作45°线形成一个直

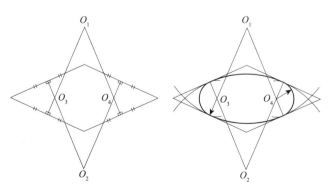

● 图8-15

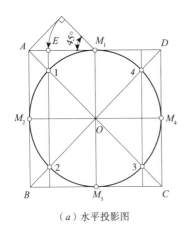

（a）水平投影图

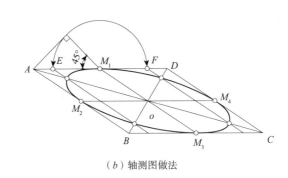

（b）轴测图做法

● 图8-16

角等边三角形，以直角边为半径、M_1 为圆心，作
弧，交 AD 于点 E、F，分别过点 E、F 作 AB 平行线，
交外切平行四边形对角线于1、2、3、4。过点 O 作
平行四边形相邻两边的平行线，分别平行四边形四
个边于点 M_1、M_2、M_3、M_4。最后，以平滑曲线连
接 M_1、M_2、M_3、M_4、1、2、3、4，即为椭圆。

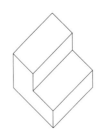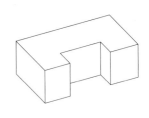

● 图8-17

8.7　轴测图的选择

选画轴测图类型时，主要考虑三个因素：制图
简便、图面效果好、能反映物体特征性。

8.7.1　制图简便

1. 方正平直的物体常用正轴测图，如图8-17所示。

2. 当遇到某个面的轮廓较为复杂多变时，多采
用斜轴测图（图8-18a）。

3. 平面为圆形或弧线等形状时，用斜轴测较为
简便，正轴测较麻烦（图8-18b）。

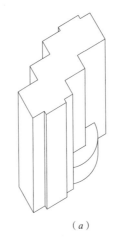

（a）　　　　　　　（b）

● 图8-18

8.7.2　图面效果好

1. 平面和立面上均有45°关系的物体（图8-19a），
若用三等正轴测，不能很好地表达空间关系（图8-19b），
宜采用二等正轴测或斜轴测（图8-19c）。

2. 选择图面比例较好的轴测。如长方体的建筑物，
若采用正轴测绘制（图8-20a），图面饱满，比例效果
较好,若采用正面斜轴测来画,会显得过长（图8-20b），

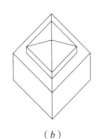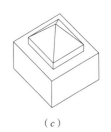

（a）　　　　　　　（b）　　　　　　　（c）

● 图8-19

水平面斜轴测在竖向略显被拉长（图8-20c）。

　　3.选择画面效果能展现物体特征的轴测。如圆柱体的轴测图，在正轴测（图8-21a）、水平斜轴测（图8-21b）中变形较小，但在正面斜轴测中的变形较大（图8-21c）。

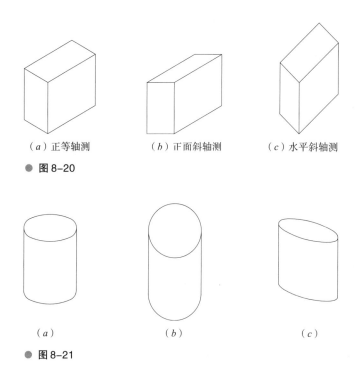

（a）正等轴测　　　　（b）正面斜轴测　　　（c）水平斜轴测

● 图8-20

（a）　　　　　　　（b）　　　　　　（c）

● 图8-21

下 篇

—建筑方案图纸的表达—

第9章　建筑设计图纸概述

建筑工程的设计图纸种类和内容繁多，根据不同阶段的需求，有不同的表达深度和侧重点，需要制图工作人员根据每段侧重点，筛选整理图纸信息。

9.1　建筑工程涉及的各类图纸

9.1.1　建设工程基本流程

一个完整的新建工程图纸根据项目进展阶段，分为前期准备阶段、设计阶段、施工阶段，最终投入使用（图9-1）。不同阶段的图纸深度要求不同。

9.1.2　不同阶段的工程图纸

前期方案：是一个统称，其中包括项目在前期准备过程中所需要的各类建筑设计图，例如配合项目前期可行性研究的可行性设计方案，项目征地前用来配合经济评估用地的拿地方案等。

方案图：对工程项目的初步设想，根据规划条件及项目的要求等给定的条件确立的项目设计主题、功能布局及空间形式及尺寸的过程。方案图既要满足工程建设方的使用需求，也要满足规划管理部门的相关规定条件。

工程设计在方案阶段有不同用途的图纸，有用于建筑设计投标需要的投标方案图，有用于方案确定后报送规划局的方案报建图，也有用于与建设方沟通的过程性方案图纸。方案阶段的图纸深度可参考《建筑工程设计文件编制深度规定》（2016版）。

其中，方案报建图需按此规定严格执行。报建图不着重于建筑绘画技巧，而在于方案坐标定位等各项设计指标是否满足规划要求。投标方案图则参考规定深度的同时，按照住房和城乡建设部颁发的《建筑工程设计

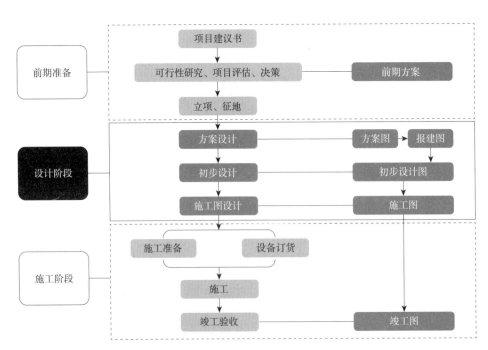

● 图9-1　新建工程基本流程示意图

招标投标管理办法》（2017 版）及相关招标要求执行，在基本图纸表达的基础上，侧重项目落成效果、方案设计意图、空间组织艺术及合理性、经济可行性等。

初步设计图：在方案基础上深化设计，作为投资概算的依据。

施工图设计：细化方案具体施工尺寸及做法，作为施工图预算、工程实施的依据。

竣工图：建设工程完成后，在施工图基础上，将施工过程中改动的地方统一反映在图纸中，竣工图纸是已建成的实际情况的图纸，作为拟建建筑的原始资料存档。

9.1.3　不同用途的工程图纸

测绘图：是指通过实地测绘出建筑物的图纸，也称实测图。如古建筑测绘图，既是古建筑历史与理论研究的基本资料，也是保护、发掘、整理和利用古代建筑遗产的最基础环节（图 9-2）。许多年代久远的建筑在改扩建前，虽然没有原始建筑图纸，但也应先进行实测。

标准设计图：是国家、行业或地方对于建筑工程标准化而编制的通用设计图纸，工程设计时可直接引用。标准设计图分为国家标准设计，部颁标准设计，省、市、自治区标准设计三类，如《国家建筑标准设计图集》《中南地区建筑标准设计图集》等。

● 图 9-2　山西应县木塔立面渲染图（ a ）、剖面图（ b ）
选自《〈图像中国建筑史〉手绘图》

9.2　建筑设计图纸制图成像原理

建筑工程在设计阶段的图纸绘制时应遵循正投影的制图原理，根据需要来选择不同角度的正投影（图 9-3）。

例如，展现外立面三维空间特征时选择轴测投影，绘制立面时选择外立面的正投影图，绘制屋面时选择鸟瞰角度的水平正投影图（图 9-3），绘制平面图时选择水平剖视正投影图（图 9-4a），展示局部内部的构造选择剖切视图（图 9-4b）等。可见，在图纸的选择与绘制过程，我们仍延续正投影的基本概念，并应用到设计图纸的绘制中。

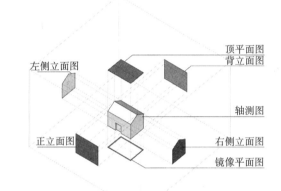

● 图 9-3　根据正投影原理绘制建筑各向投影图

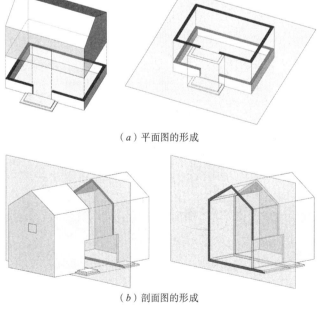

（ a ）平面图的形成

（ b ）剖面图的形成

● 图 9-4

9.3　方案设计图纸

建筑工程方案阶段的设计文件包括设计说明书（含各专业设计说明及投资估算的内容）和总平面、建筑设计图纸。全套工程图纸应按照图纸目录、设计说明、总图、建筑图、结构图、给水排水图、暖通空调图、电气图等专业顺序编排。

我们常说的方案图，是指狭义上的建筑专业方案设计，包括总平面和建筑单体设计平面图、立面图、剖面图及大样、分析图等。

建筑专业的技术图纸在排列时，应按照内容的主次关系、逻辑关系进行分类，做到有序排列。建筑设计方案图纸是工程构思的等比微缩，分步骤、分层次展现设计并指导下一步深化设计。图纸需要系统、周全、表达到位。

常用的建筑设计方案图有总平面图、平面图、立面图、剖面图、大样图、各类分析图等（图 9-5~图 9-8）。

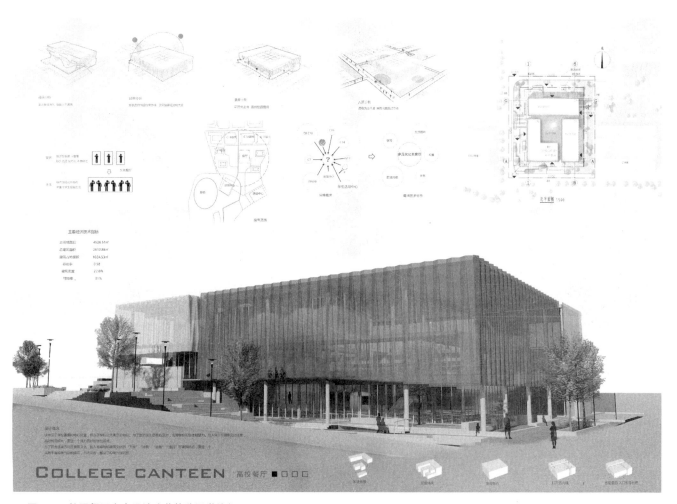

● 图 9-5　校园餐厅方案设计（黄静欣同学绘）1

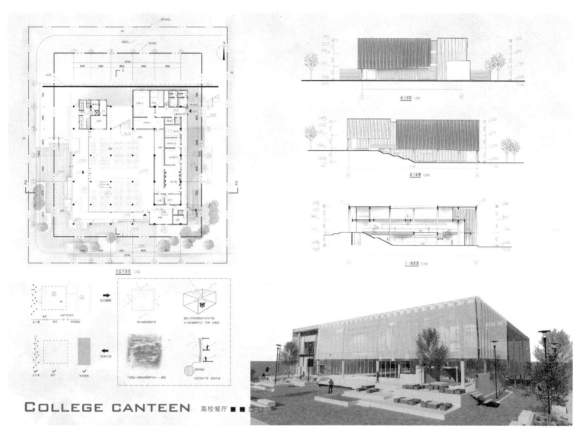

● 图9-6 校园餐厅方案设计（黄静欣同学绘）2

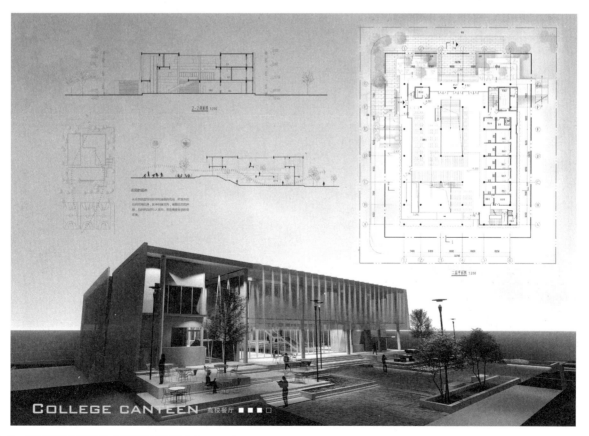

● 图9-7 校园餐厅方案设计（黄静欣同学绘）3

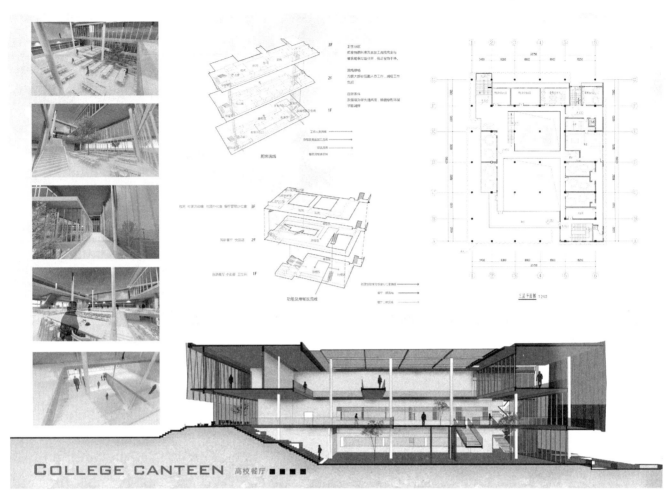

● 图9-8　校园餐厅方案设计（黄静欣同学绘）4

第10章 常用建筑工程制图规范

工程图纸（Project Sheet）是根据投影原理或有关规定绘制在纸介质上的图形，它通过线条、符号、文字说明及其他图形元素表示工程形状、大小、结构等特征。建筑设计的工程图纸的绘制除了前面章节所讲到的幅面、标题栏、图名、图线、工程字等图纸共性要素外，还应注意比例、图例、指北针、尺寸线、标高以及各类不同类型图纸中必备的工程基础信息。

10.1 比例

比例是图中图形与其实物相应要素的线性尺寸之比。比例的书写格式详见本书第二章中的"2.2.2 比例"。

10.1.1 比例的选择

建筑单体总平面图的比例一般选择 1 : 300、1 : 500、1 : 1000，其中 1 : 500 和 1 : 1000 为规划主管部门规定的比例；分区平面图一般为 1 : 200、1 : 300、1 : 500。

特殊情况下可自选比例，除标注比例外，还应在适当位置标注相应的比例尺。需要缩微的图纸也应绘制比例尺。

常见的建筑工程选用比例如表 10-1 所示：

工程设计中常用的图纸及相应比例　　　　　　　表 10-1

图纸类别	图名	常用比例	比例选用说明
总图	现状图	1 : 500、1 : 1000、1 : 2000	一般情况下，绘图常用比例有：1 : 1、1 : 2、1 : 5、1 : 10、1 : 20、1 : 30、1 : 50、1 : 100、1 : 150、1 : 200、1 : 500、1 : 1000、1 : 2000 特殊情况下，可选用如下比例：1 : 3、1 : 4、1 : 6、1 : 15、1 : 25、1 : 40、1 : 60、1 : 80、1 : 250、1 : 300、1 : 400、1 : 600、1 : 5000、1 : 10000、1 : 20000、1 : 50000、1 : 100000、1 : 200000
	地理交通位置图	1 : 25000~1 : 200000	
	总体规划、总体布置、区域位置图	1 : 2000、1 : 5000、1 : 10000、1 : 25000、1 : 50000	
	总平面图、竖向布置图、道路平面图、管线综合图、土方图、铁路	1 : 300、1 : 500、1 : 1000、1 : 2000	
	场地园林景观总平面图、场地园林景观竖向布置图、种植总平面图	1 : 300、1 : 500、1 : 1000	
	铁路、道路纵断面图	垂直：1 : 100、1 : 200、1 : 500 水平：1 : 1000、1 : 2000、1 : 5000	
	铁路、道路横断面图	1 : 20、1 : 50、1 : 100、1 : 200	
	场地断面图	1 : 100、1 : 200、1 : 500、1 : 1000	
	详图	1 : 1、1 : 2、1 : 5、1 : 10、1 : 20、1 : 50、1 : 100、1 : 200	
建筑、室内设计	建筑物或构筑物的平面图、立面图、剖面图	1 : 50、1 : 100、1 : 150、1 : 200、1 : 300	
	建筑物或构筑物的局部放大图	1 : 10、1 : 20、1 : 25、1 : 30、1 : 50	
	配件及构造详图	1 : 1、1 : 2、1 : 5、1 : 10、1 : 15、1 : 20、1 : 25、1 : 30、1 : 50	

10.1.2　比例的选择与图纸的深度 [①]

不同比例的平面图、剖面图，其抹灰层、楼地面、材料图例的省略画法，应符合下列规定：

（1）大于 1：50 比例的平面图、剖面图，应画出抹灰层、保温隔热层与楼地面、屋面的面层线，并画出材料图例。

（2）比例等于 1：50 的平面图、剖面图，剖面图宜画出楼地面、屋面的面层线，宜绘出保温隔热层，抹灰层的面层线应根据需要定。

（3）比例小于 1：50 的平面图、剖面图，可不画出抹灰层，但剖面图宜画出楼地面、屋面的面层线。

（4）比例为 1：100~1：200 的平面图、剖面图，可简化材料图例，但剖面图宜画出楼地面、屋面的面层线。

（5）比例小于 1：200 的平面图、剖面图，可不画材料图例，剖面图的楼梯面、屋面的面层线可不画出。

10.2　指北针或风玫瑰

10.2.1　指北针

指北针（图 10-1）圆直径宜为 24mm，用细实线绘制；尾部的宽度宜为 3mm。需用较大直径绘制

指北针时，指针尾部的宽度宜为直径的 1/8。指针头部应注明"北"或者"N"字。

指北针在总平面图中一般位于图纸右上方或图名附近等易于读取的位置。在建筑单体平面图中，应绘制在建筑物 ±0.000 标高的平面图上，也应放在明显位置，所指方向应与总图一致。

10.2.2　风玫瑰

风玫瑰：是风向频率玫瑰图的简称，又称风向玫瑰图或风玫瑰图（图 10-1d）。它表示某一地区在一定时间内各个风向出现的频率，由于形状酷似玫瑰花朵而得名。风玫瑰图将风向分为 8 个或 16 个罗盘方位，记录风在各个方向出现频率的百分数值，按一定比例绘制在对应的位置中。

总图中通过风玫瑰与指北针结合来判断基地所在地区的年季风状况，是判断规划和建筑设计是否合理的重要参考。

10.2.3　指北针和风玫瑰绘制方向

总图应按"上北下南"的方向绘制指北针或风玫瑰，可根据建筑物布局、所在场地形状与图纸的关系，进行左右偏转，但不宜超过 45°，如图 10-1c 所示；

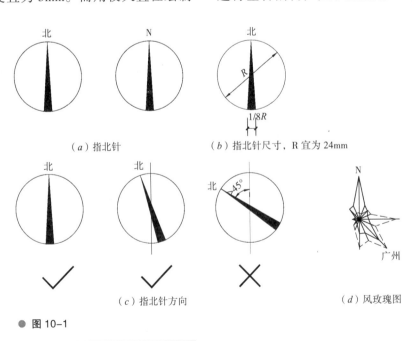

（a）指北针　　　　　（b）指北针尺寸，R 宜为 24mm

（c）指北针方向　　　　　（d）风玫瑰图

● 图 10-1

① 依据《建筑制图标准》GB/T 50104—2010。

当指北针指向超过 45° 时，可考虑采用竖向布局。

建筑单体平面图的方向宜与总图方向一致。

指北针与风玫瑰结合时，宜采用互相垂直的线段，线段两端应超出风玫瑰轮廓线 2~3mm，垂点宜为风玫瑰中心，北向应注"北"或"N"字，组成风玫瑰所有线宽均宜为 0.5b。

10.3　图例

图例用于表达图形所示意义，便于阅读。由于图形所表达信息有限，总平面需要将图纸中各种符号及颜色所代表的内容一一罗列，并统一说明，置于图纸一角（图 10-2）。

10.4　尺寸标注

建筑设计工程中，需要对各部位的尺寸进行标注，将这些纷繁复杂的尺寸数据进行分层次表达，可以增强图面的逻辑，清晰易读。尺寸标注精简、全面、有序、有逻辑层次的图纸，方为高质量图纸。

设计阶段不同，尺寸线的表达层次也不同，方案阶段只需第一、二道尺寸，当方案未进入轴网编

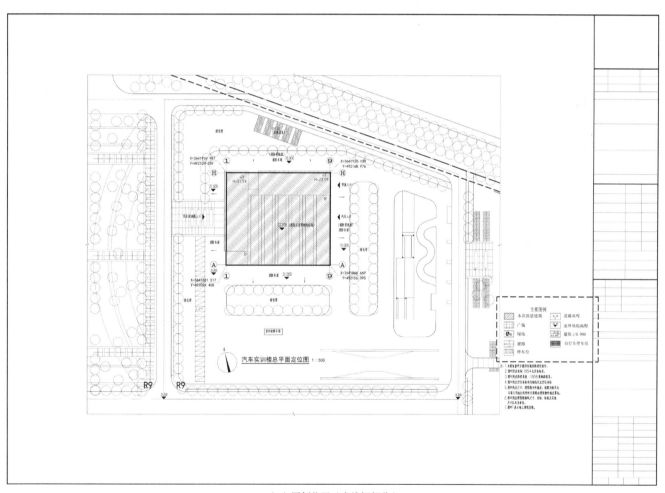

（a）图例位置（虚线框部分）

主要图例

本次拟建建筑	道路高程
广场	室外场地高程
绿地	建筑 ±0.000
道路	自行车停车位
停车位	

（b）图例内容举例

● 图 10-2

号阶段，第二道尺寸需表示房屋内部开间、进深等设计尺寸。

建筑设计的标注分三道尺寸线：总尺寸、定位尺寸、细部尺寸。

第一道：总尺寸——场地、建（构）筑物等外轮廓尺寸，是某个方向上若干定位尺寸总和。能从这层尺寸中读出场地或建（构）筑物外包尺寸大小，是用于规划控制的宏观尺寸。

第二道：定位尺寸——定位轴线之间的尺寸。用以建筑物施工放线、柱梁定位的尺寸线，也是建筑物门窗洞口等细部构配件定位所在的定位单位区间。建筑设计在方案阶段就应该确定位尺寸数值。

第三道：细部尺寸——建筑物内部各类构配件的定位及详细尺寸。根据设计深度的不同，细部尺寸的要求有所不同，施工图中必须明确建筑各部分的细部尺寸，现场施工方能顺利进行。

尺寸标注包括尺寸界线、尺寸线、尺寸起止符号和尺寸数字（图10-3）。

10.4.1 尺寸线

尺寸线用细实线绘制，平行于被标注长度方

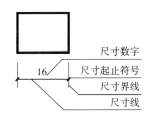

● 图10-3 尺寸标注

向，两端以尺寸界线为边界（也可超出尺寸界线2~3mm，但不常用）。

尺寸可分为总尺寸、定位尺寸和细部尺寸，按照距离图样由远至近的顺序依次排列（图10-4）。

尺寸线距离图样最外轮廓不宜小于10mm。平行排列的尺寸线间距宜为7~10mm（图10-4），且应在整套图内保持一致。

注意：图样本身不可用作尺寸线（图10-4）。

10.4.2 尺寸界线

尺寸界线用细线绘制，垂直于被标注长度，一端离开图样轮廓线不小于2mm，另一端宜超出尺寸线2~3mm（图10-5）。总尺寸的尺寸界线应靠近所指部位，中间的分尺寸可稍短，但长度保持一致。图样轮廓线可用作尺寸界线。

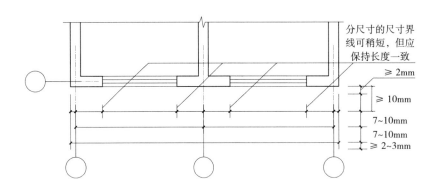

● 图10-4 尺寸线排布及间距

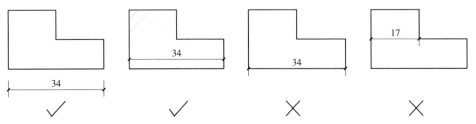

● 图10-5

10.4.3 起止符

中粗、短线绘制。倾斜方向与尺寸界线成顺时针45°角，长度宜为2~3mm。轴测图中用小圆点（直径1mm）表示尺寸起止符号，如图10-6所示。

10.4.4 尺寸数字

10.4.4.1 设计图纸的数据准则

图纸中的设计尺寸应以尺寸数字为准，不应从图中直接量取。

10.4.4.2 尺寸单位及精度

除标高及总平面以米（m）为单位外，其余均以毫米（mm）为单位。建筑工程图纸中总平面图与平面图、立面图、剖面图和详图等的尺寸及精度有区别，详见表10-2。建筑物、构筑物、铁路、道路方位角（或方向角）和铁路、道路转向角的度数，宜注写到"秒"，特殊情况应另加说明。

10.4.4.3 尺寸数字方向

尺寸数字方向应按照图10-7a的规定注写，若尺寸数字在30°斜线区内，也可按照图10-7b的形式注写。

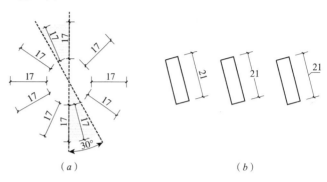

● 图10-7 尺寸数字的方向

各类图纸尺寸要求一览表　　　　表 10-2

图纸类型		单位	精确至	表达尺寸	表达样式举例	示意简图
总平面图		米（m）	0.00	场地控制性尺寸：建筑物总尺寸、建筑物与建筑物之间、建筑物与用地界线、建筑物与周边的距离关系	30.00m	总平面尺寸标注示意
建筑	立面图	毫米（mm）	0	建筑物竖向定位尺寸：总高度、层高及室内外高差、墙身细部构造尺寸等	1500 1500 3000	平面图尺寸标注示意　立面图尺寸标注示意
	平面图	毫米（mm）	0	建筑物尺寸：总尺寸、定位轴间尺寸、门窗等细部定位尺寸	3900	

注：1. 为清晰表达举例内容，简图中省略了其他必要信息。
　　2. 总图中测量坐标精确至"0.000"与总平面标高及尺寸精确至"0.00"注意区分。

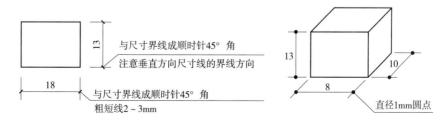

● 图10-6 起止符号画法

10.4.4.4　尺寸数字位置

尺寸数字应靠近尺寸线的上方中部，与尺寸线留有 1mm 距离，避免重合。

若无足够位置，最外侧的尺寸数字可注写在尺寸界线外侧，中间相邻的尺寸数字可上下错位排列，也可使用引出线表示标注位置，如图 10-8 所示。

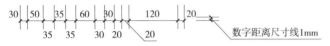

● 图 10-8　尺寸数字的位置

10.4.5　非矩形图样的尺寸标注

半径和直径、角度、弧长的尺寸起止符号，宜用箭头表示，箭头跨度 b 不宜小于 1mm（图 10-9）。

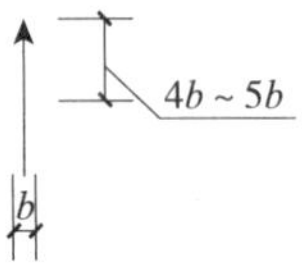

● 图 10-9　起止符号的箭头尺寸

10.4.5.1　半径的标注

半径的尺寸线：一端从圆心开始，另一端画箭头指向圆弧。

半径数字：位于尺寸线上，前应加注符号"R"（表 10-3）。

标注球的半径时，前加注符号"SR"，注写方法同圆弧半径。

10.4.5.2　直径的标注

直径数字：前加直径符号"φ"注写在尺寸线上（图 10-10a）。

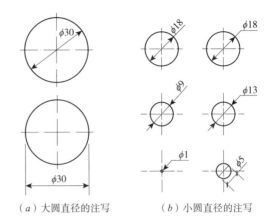

（a）大圆直径的注写　　（b）小圆直径的注写

● 图 10-10　直径的注写方式

尺寸线：圆内标注的尺寸线应经过圆心，两端箭头指向圆弧。

较小的圆的直径尺寸可标注在圆外（图 10-10b）。

标注球的直径时，前加注符号"Sφ"，注写方法同圆弧直径。

10.4.5.3　角度的标注

角度的尺寸线应以圆弧表示，该圆弧尺寸线以角的顶点为圆心、角的两边为尺寸界线。起止符号以箭头表示，当无足够位置画箭头时，可用圆点代替，角度数字应沿尺寸线方向注写（图 10-11）。

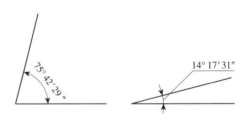

● 图 10-11

半径的标注		表 10-3
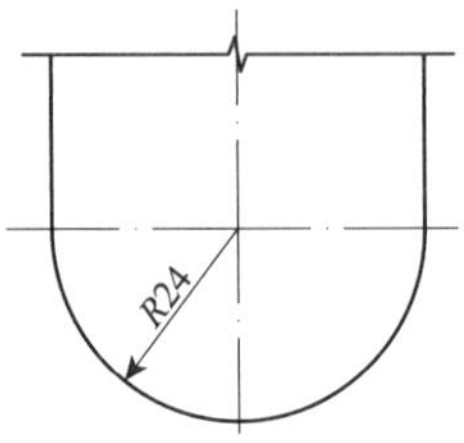 一般圆弧的标注	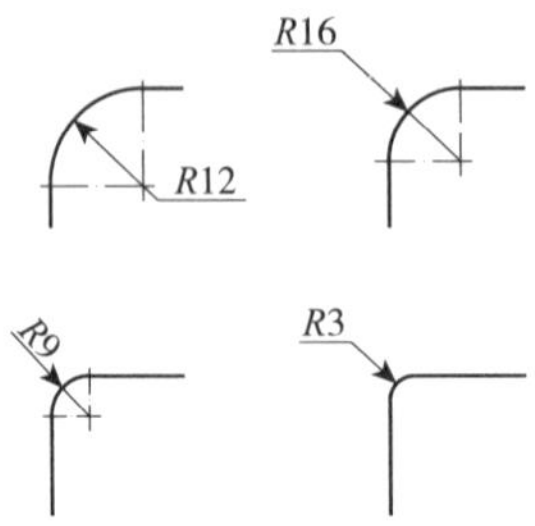 圆弧较小时，可将符号标注在圆弧之外	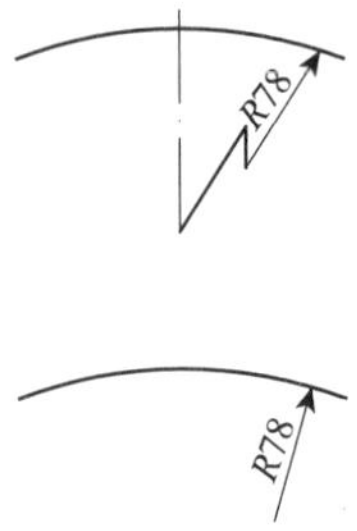 圆弧较大时，箭头可不必连接圆心

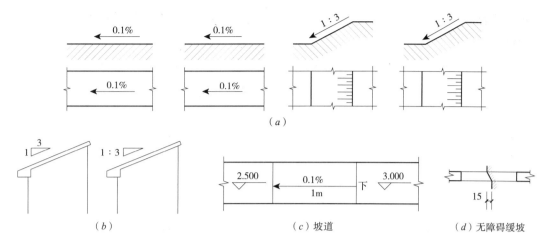

● 图 10-12 坡度的表达

建筑物、构筑物、铁路、道路方位角（或方向角）和铁路、道路转向角的度数，宜注写到"秒"，特殊情况应另加说明。

10.4.5.4 坡度的标注

标注坡度时，应加注坡度符号"←"或"━"，箭头应指向下坡方向（图10-12a），也可以用直角三角形的形式表达（图10-12b）；表达有通道坡度较大、较长时，应在箭头两端配以相应标高，同时文字表达出行进方向"下"，在箭头的上下分别注明坡度及坡长（图10-12c）；在表达平面较小的高差时，如无障碍设计中挡水线的缓坡处理，应予以示意（图10-12d）。

10.4.5.5 弧长的标注

尺寸线：应以标注圆弧的同心圆弧为尺寸线。

尺寸界线：指向圆心（垂直于该圆弧的弦）。

起止符号：用箭头表示。

标注数字：上方或前方应加注圆弧符号"⌒"，如图10-13。

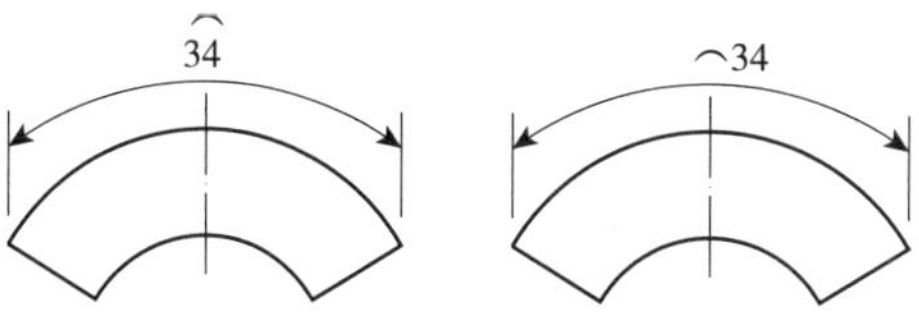

● 图 10-13

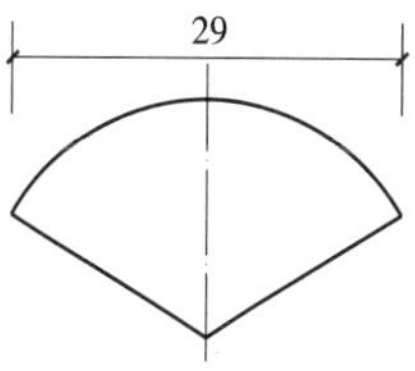

● 图 10-14

10.4.5.6 弦长的标注

同直线的标注。尺寸线：平行于弦；尺寸界线：垂直于该弦；起止符号：中粗斜短线（图10-14）。

10.4.5.7 厚度的标注

标注厚度时，在厚度数字前加符号"t"（图10-15a）；标注正方形时，可用"边长×边长"的形式，也可在边长数字加正方形符号"□"（图10-15b）。

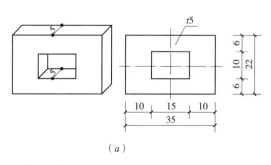

（a）

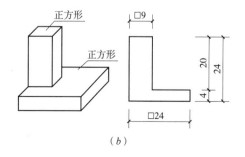

（b）

● 图 10-15 厚度的标注

10.4.6 尺寸的简化

10.4.6.1 复杂的图形

图形较为复杂时，可以用网格形式标注尺寸（图 10-16）。

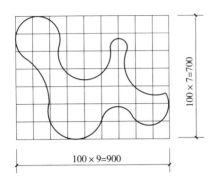

● 图 10-16

10.4.6.2 连续等长排列的图形

连续等长排列的图形可采用"等长尺寸 × 个数 = 总长"或"总长（等分个数）"的形式标注（图 10-17）。

10.4.6.3 阵列相同的图形

当图形尺寸完全相同且数量众多时，可只表示其中一个的尺寸（图 10-18）。

10.4.6.4 同形状不同尺寸的图形

当两个或多个图形形式一致但尺寸不同时，可将采用附加尺寸的方法（图 10-19a）或列表的方法（图 10-19b）一一列出。

10.4.7 尺寸的排列与布置原则

10.4.7.1 不重合原则

尺寸尽量避开图样，布置在图样之外，且不宜与图线、文字及符号等相交。

10.4.7.2 有序原则

标注图样同一部分时，尺寸线相互平行，总尺寸到分尺寸按照离图样由远至近的顺序排列。

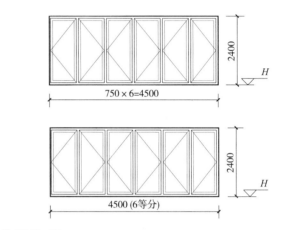

● 图 10-17

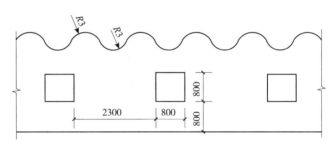

● 图 10-18

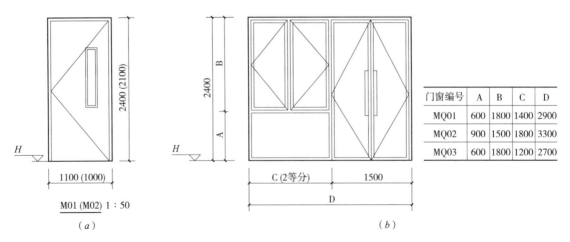

门窗编号	A	B	C	D
MQ01	600	1800	1400	2900
MQ02	900	1500	1800	3300
MQ03	600	1800	1200	2700

● 图 10-19

10.5 标高

标高的零点标高写成 ±0.000，正数标高不注"+"，负数标高应注"-"，如 2.000、-0.450。

10.5.1 绝对标高与相对标高

标高分绝对标高和相对标高两种（表10-4）。

10.5.1.1 绝对标高

我国把青岛的黄海平均海平面定为绝对标高的零点，国内其他任何一个地点相对于黄海平均海平面的高差，称为绝对标高。绝对标高的数值就是某点的绝对高度，即我们常说的海拔高度。如某建筑物 ±0.00 对应的绝对标高值是 $\underset{78.23(\pm0.00)}{\nabla}$，就表示该建筑物的基准点 ±0.00 建造在海拔 78.23m 的高度上。

在设计总平面时，需要通过绝对标高数据，以便计算并控制竖向高差、合理安排场地排水等，因此在总平面图中，场地必须标注绝对高程。

总平面室外地坪的绝对标高符号宜用涂黑的三角形表示（图10-20a）；总平面建筑物的定位绝对标高用空心三角形表示，同时加注零点标高"±0.00"以表明该坐标值为建筑物 ±0.00 所在的绝对标高（图10-20b）。

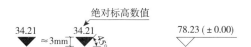

（a）室外地坪的绝对标高表示符号及画法 （b）建筑物定位标高画法

● 图 10-20 绝对标高符号

绝对标高的单位为米（m），精确到小数点后两位。

10.5.1.2 相对标高

建筑单体设计中，需要标注许多标高以明确建筑物各部分的位置关系，若都使用绝对标高，计算起来会比较烦琐。因此，在建筑物单体设计中，确定了室内外高差后，先假设建筑物脱离了场地，自成系统，将首层室内地面设为零点，建筑物任意位置的高度值都是铅锤方向到零点位置的距离。如

二层楼面距离零点 3m，那么二层的相对标高值为 $\underset{3.000}{\nabla}$；当楼面相对标高为 $\underset{-5.000}{\nabla}$，表示该楼面比零点低，在地下，铅锤向距零点有 5m，以此类推。这就是相对标高系统。

在设定相对标高的同时，应在总说明里注明这个相对标高与绝对标高的关系，一般要将建筑物室内地坪 ±0.000 处所在场地的绝对标高写出，如"±0.000=12.310"表示建筑物 ±0.000 是建在场地 12.310m 的绝对高度上。

相对标高以空心等腰直角三角形表示（图10-21a），若标注位置不够，可按图10-21b 的形式，具体画法参照图10-21c、图10-21d。

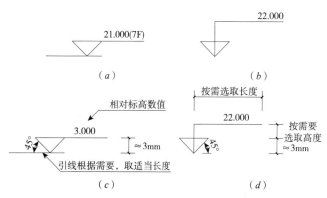

● 图 10-21 相对标高符号

标高符号中的数据是符号尖端位置的高度值，尖端和尾线可根据图面需要，进行相应的上、下或左、右调整（图10-22）。

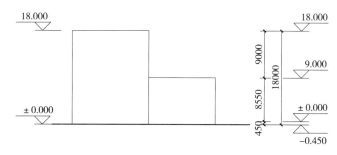

● 图 10-22 标高符号多种指向示意

图样的同一位置表示不同标高时，标高数字可按图10-23 的形式书写。

相对标高的单位为米（m），精确到小数点后三位。

各类图纸标高表达一览表　　　　　　　　　　　　　　　　　　　　表 10-4

图纸类型	标高系统	单位	精确至	表达内容		表达样式举例	示意简图
总平面图	绝对标高	米（m）	0.00	室外地坪	各类室外地坪的标高（也可用等高线）	▼ 30.07	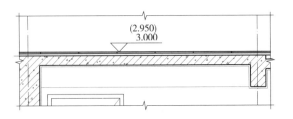总平面标高示意图
				道路	道路中心线交叉点的标高（两种形式均可，同一图纸中采用一种方式）	20.25 ● 20.25 +	
				建筑物	±0.00 所在的绝对标高	▽ 30.37（±0.00）	
建筑	立面图	相对标高	米（m）	0.000	表示建筑物立面某处相对于建筑室内地坪（±0.000）的竖向高度	▽ 3.000	平面图标高示意图　立面图标高示意图
	平面图	相对标高	米（m）	0.000	表示建筑物在该层平面相对建筑室内地坪（±0.000）的设计高度	▽ 3.000	

注：注意区分总图中测量坐标精确至"0.000"与总平面标高及尺寸精确至"0.00"。

● 图 10-23 同一位置书写多个标高

10.5.2 建筑标高与结构标高

建筑标高：在相对标高中，包括装饰层厚度的、建筑完成面的标高，称为建筑标高，注写在构件的装饰层面上。建筑设计平面图纸中的标高，就是建筑标高，在剖面图中，该标高标在饰面层线上

（图 10-24a）。

结构标高：在相对标高中，不包括装饰层厚度的标高，称为结构标高；结构标高又分为结构底标高和结构顶标高，分别注写在结构构件底部和顶部，是构件的安装或施工高度。

一般在建筑施工图中标注建筑标高，若加注结构标高在应以区别表示同时附加说明（图 10-24b）。屋顶平面图中常需标注结构标高。

关于图纸比例大小与饰面层的表示与否，详见本书第十章的"10.1 比例"。

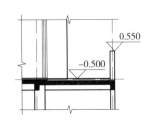

注：H 表示建筑标高，用 ▽H 表示，结构标高符号用 ▽(H) 表示。

（a）建筑标高　　　　　　　　　（b）建筑标高与结构标高

● 图 10-24

10.6　建筑材料

10.6.1　图纸比例与图例的选择

大于 1 ∶ 50 比例的平面图、剖面图，应画出抹灰层、保温隔热层与楼地面、屋面的面层线，并且画出材料图例。

10.6.2　常用建筑材料图例

常用建筑材料应按照附录 3 中常用建筑材料图例所示画法绘制。

10.6.3　图例的制图规范要求

（1）图例选择准确、表达清晰，图例线应间隔均匀、疏密适度。

（2）同类材料不同品种使用同一图例时，应附有说明。

（3）两个相同图例拼接时，图例线应错开或反向（图 10-25）。

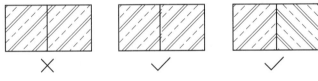

● 图 10-25　相同图例的拼接

（4）两个填黑或灰的图例相邻时，应留净宽度不小于 0.5mm 的空隙（图 10-26）。

（5）当一张图纸内的图样只有一种时，或图线较小无法绘制建材图例时，可不绘制，但需要增加说明文字。

（6）当物体需要大面积绘制图例时，可在断面轮廓线内，沿轮廓线作局部表示（图 10-27）。

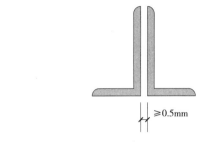

≥0.5mm

● 图 10-26　两涂黑图例相邻

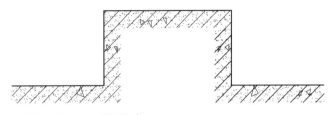

● 图 10-27　图例的局部表示

（7）当选用《房屋建筑制图统一标准》GB/T 50001—2017 未包括的建筑材料时，可自编图例，但不得与该规范图例重复，同时图纸中应附以说明。

10.7　建筑模数 ①

建筑设计应符合现行国家标准《建筑模数协调标准》GB/T 50002 的规定。

建筑平面的柱网、开间、进深、层高、门窗洞口等主要定位线尺寸，应为基本模数的倍数，并应符合下列规定：

（1）平面的开间进深、柱网或跨度、门窗洞口宽度等主要定位尺寸，宜采用水平扩大模数数列 2nM、3nM（n 为自然数）。

（2）层高和门窗洞口高度等主要标注尺寸，宜采用竖向扩大模数数列 nM（n 为自然数）。

---

① 　参考《民用建筑设计统一标准》GB 50352—2019。

第11章 建筑方案总平面图

11.1 总平面图的作用

在建筑单体设计之初，我们首先需要对其所在场地进行总体布局，以明确建筑物与建筑基地周边的关系。将建筑及所在场地（即建筑基地）进行统一规划设计并表达在图纸上，就是我们常说的总平面图。

建筑物应以接近地面处的 ±0.00 标高的平面作为总平面。

总平面图中应明确用地范围、原有和新建建筑的位置、内外环境、标高、道路等重要的设计信息，作为方案展示以及拟建建筑定位、施工放线、土方施工、施工总平面布局等后续工作的依据。

11.2 总平面图的绘制

11.2.1 图线

图线的宽度 b，应根据图样的复杂程度和比例，按现行国家标准《房屋建筑制图统一标准》GB/T—50001 中图线的有关规定选用。绘制比较简单的图样时，可采用两种线宽的线宽组，其线宽比宜为 $b : 0.25b$。图线常规用法、总平面图、建筑专业制图、室内设计专业制图采用的各种图线，应符合附录2的规定。其他有关图线详见"第2章图线"。

11.2.2 绘制深度要求 [①]

（1）图名、比例、指北针或风玫瑰。

（2）场地的区域位置。

（3）场地的范围（用地和建筑物各交点的坐标或定位尺寸）。

（4）场地内及四邻环境的反映（四邻原有及规划的城市道路和建筑物、用地性质或建筑性质、层数等，场地内需要保留的建筑物，构筑物古树名木，历史文化遗存，现有地形与标高、水体、不良地质情况等）。

（5）场地内拟建道路、停车场、广场、绿地及建筑物的布局，并表示出主要建筑物、构筑物与各类控制线（用地红线、道路红线、建筑控制线等），相邻建筑物之间的距离及建筑物总尺寸，基地出入口与城市道路交叉口之间的距离。

（6）拟建主要建筑物的名称、出入口位置、层数、建筑高度、设计标高，以及主要道路、广场的控制标高。

（7）根据需要绘制下列反映方案特征的分析图：功能分区，空间组合及景观分析，交通分析（人流及车流的组织、停车场的布置及停车泊位数量等），消防分析，地形分析，竖向设计分析，绿地布置，日照分析，分期建设等。

总平面图方案图纸内容一览表　　　　　　　　表 11-1

总图信息类别	图示信息	说明信息	数据信息	
			水平尺度	竖向量度
工程项目基本信息	指北针（或风玫瑰图）场地的区域位置	图名及比例、必要的说明文字（如采用高程标准、线型说明等）	技术经济指标（总用地面积、总建筑面积、容积率、建筑密度、绿地率、停车泊位数量等具体指标）	——

① 参考《建筑工程设计文件编制深度规定》（2016 版）。

续表

总图信息类别		图示信息	说明信息	数据信息	
				水平尺度	竖向量度
场地信息	界线	用地红线、道路红线、建筑控制线	名称标注	用地红线各角点的坐标或定位尺寸、拟建建筑与这些控制线之间的距离	——
	外部	交通状况：城市道路（原有规划、待规划）	道路名称	城市道路交叉口与基地出入口距离	竖向标高
		建设状况：建筑物（原有、待建）	建筑物名称或性质、层数	有规划距离控制要求时，需标明与拟建建筑之间的距离	——
		环境状况：各类场地性质及景观资源、地形地貌	用地名称或性质		竖向标高
	内部	原有环境：保留的建筑物、构筑物、古树名木、历史文化遗存、现有地形地貌、水体、优质景观、不良地质情况等	名称标注	有规划距离控制要求时，需表明与拟建建筑之间的距离	——
		内外交接：基地出入口位置	名称标注	基地出入口与城市道路交叉口之间的距离	控制标高
		新建场地：新建道路、停车场、广场、绿地布置	名称标注	与主要建筑物、构筑物的距离，各类场地角点定位	主要道路、广场及绿地等的控制标高
拟建建筑信息		建筑物轮廓线（含地下室边界线）、新建建筑各出入口位置标识等	建筑物名称（使用编号时，需附有编号表）、各类出入口名称等	建筑物角点坐标或定位尺寸、建筑物总尺寸、与各类控制线（用地红线、道路红线、建筑控制线）、相邻建筑物的间距	±0.00对应的绝对标高值、建筑物各部分层数及高度

总平面图方案的深度可参考《建筑工程设计文件编制深度规定》（2016版），具体内容详见表11-1。具体制图规范应参考国家标准《总图制图标准》GB/T 50103—2010。

11.3 方案总平面图内容分类

总平面图表达一个工程的总体布局，图纸中需要反映用地范围内总的设计内容及相邻环境信息，包括新旧建筑、广场、植物种植、景观设施、水体、场地内外的道路、用地性质、地形地貌等各种构景要素的场地信息，以及文字说明和设计指标，需要在总平面图中读取拟建建筑与这些场地信息之间的位置关系及具体距离、高程等数值。

11.3.1 按表达形式

总平面图按表达形式可分为以下几类：

11.3.1.1 图示信息

用图形语言表达各要素具体位置：（1）建筑物轮廓；（2）用地范围及场地内部环境设计；（3）用地周边场地环境现状及道路；（4）原地形和地物等。

11.3.1.2 说明信息

用说明文字进行标识，以补充图形信息无法表达之意，如建筑及周边环境的名称、属性、建筑物及场地各类入口等。

11.3.1.3 数据信息

利用数据将具体空间方位的信息量化：（1）水平尺度（宽长量度、距离等）；（2）竖向量度（高程、层数等）。

总平面图是各类信息的汇总及叠加，绘制需注意确保其系统性及严谨性。

11.3.2 按所在位置

总平面图中的各类信息按其所在位置及作用，可分为三部分：场地信息（包括场地内部信息、场地外部信息），拟建建筑信息，工程项目基本信息。

方案图纸表达的重点是：建筑物、基地内部、基地外部三者的"定位"及"相互关系"（图 11-1）。图纸精炼，表达清晰、整洁，易于读取，则视为高质量的图纸。

● 图 11-1　建筑物与建筑基地关系示意图

总平面图常用图例　　　　　　　　　　　　表 11-2

(矩形轮廓)	X=0.000 / Y=0.000 / ① 31F/3D / 30.37(±0.00) / H=97.00m ▲	(矩形带缺口)	(双层矩形)
1. 新建建筑物以粗实线表示与室外地坪相接处 ±0.00 外墙定位轮廓线；2. 建筑物一般以 ±0.00 高度处的外墙定位轴线交叉点坐标定位。轴线用细实线表示，并标明轴号；3. 根据不同设计阶段标注建筑编号，地上、地下层数，建筑高度，出入口位置（两种均可，同一图纸采用一种方法表示）；4. 建筑物上部（±0.00 以上）外挑建筑用细实线表示；5. 建筑物上部连廊用细虚线表示并标注位置			
(虚线矩形)	(虚线矩形)	(虚线矩形)	(带×矩形)
地下建筑物，粗虚线表示其轮廓线	原有建筑物，用细实线表示	计划扩建的预留地或建筑物，中粗虚线	拆除的建筑物用细实线表示
30.37(±0.00) ▽	32.15 ▼	(方格网)	(等高线)
室内地坪标高，数字平行于建筑物书写	室外地坪标高也可用等高线	铺砌场地	围墙及大门
1　2 / X=110.00　A=10.00 / Y=412.00　B=35.00	1 ⊞← / 2 ←	(建筑物下通道)	(水池坑槽)
坐标：1. 表示地形测量坐标系；2. 表示自设坐标系	1. 台阶（级数仅示意）；2. 无障碍坡道	建筑物下面的通道	水池、坑槽可不涂黑
(人行道)	1 ─┤─ / 2 ─┤─	(排水箭头)	(填挖边坡)
人行道	1. 分水脊线；2. 谷线	地表排水方向	填挖边坡
0.30% / 100.00 / R=5.00 / 50.00	(道路变坡) / 50.00	-0.45│11.23 / 18.12	30.37 ▽ / 23.32 ▼
R=5.00 表示道路转弯半径；"50.00"表示道路中心线交叉点设计标高，两种表达方式均可，同一图纸采用一种方式表示；"0.3%"为道路纵坡"100.00"为变坡点之间距离，→表示坡向		方格网交叉点标高。"-0.45"为施工高度，"-"为挖方，"+"为填方"18.12"为原地面标高，"11.23"为设计标高	挡土墙根据不同设计阶段的需要标注，墙顶标高／墙底标高
(交叉矩形)	(露天停车场)	(地下车库入口)	(自然水体)
露天机械停车场	地面露天停车场	地下车库入口	自然水体

11.4 总平面图内容详解——图示信息、说明性信息

11.4.1 项目基本信息

11.4.1.1 指北针及图例

总平面图需配有指北针或风玫瑰、图例，指北针按"上北下南"方向绘制，具体方法详见本书第10章的"10.2 指北针或风玫瑰"和"10.3 图例"。

总平面图常用的图例及注意事项，如总平面图方案的深度可参考《建筑工程设计文件编制深度规定》（2016版），具体内容详见表11-1。具体制图规范应参考国家标准《总图制图标准》GB/T 50103—2010。

11.4.1.2 图名及比例

总平面图需配有图名及比例，详见第10章的"10.1 比例"。当自选比例或需要缩微的图纸，应配有比例尺（图11-2）。

1 : 100

● 图11-2 比例尺

一个图样可以选用一种比例，道路、铁路、土方等的纵断面图，可在水平方向和垂直方向选用不同比例。

11.4.1.3 说明性文字

总平面图中应对设计依据、采用单位制、坐标体系及高层系统、道路纵横坡度、相对 ±0.00 对应的绝对标高值、注释坐标定位原则、建筑物线型表达含义等进行统一说明。方案过程图可视情况精简。

11.4.1.4 技术经济指标

主要技术经济指标应包括：总用地面积、总建筑面积及各分项建筑面积（分别列出地上部分和地下部分建筑面积），绿地总面积，容积率，建筑密度，绿地率，停车泊位数（分室内、室外和地上、地下），以及主要建筑或核心建筑的层数、层高和总高度等项指标（表11-3）。

民用建筑主要技术经济指标表　　表11-3

序号	名称			单位	数量
1	总用地面积			hm² 或 m²	
2	总建筑面积	地上	×× 部分	m²	
			×× 部分	m²	
		地下	×× 部分	m²	
			×× 部分	m²	
3	建筑基底总面积			m²	
4	道路广场总面积			m²	
5	绿地总面积			m²	
6	容积率			—	
7	建筑密度			%	
8	绿地率			%	
9	机动车泊车位数	室内 / 地下		辆	
		室外 / 地面		辆	
10	非机动车停放数量	室内 / 地下		辆	
		室外 / 地面		辆	

注：1. 当工程项目（如城市居住区规划）另有相应的设计规范或标注时，技术经济指标应按其规定执行。
　　2. 计算容积率是，通常不包括 ±0.00 以下地下建筑平面。

根据不同的建筑功能，还应表述能反映工程规模的主要技术经济指标，如住宅的套型、套数及每套的建筑面积、使用面积，旅馆建筑中的客房数和床位数，医院建筑中的门诊人次和病床数等指标。当工程项目（如城市居住区规划）另有相应的设计规范或标注时，技术经济指标应按其规定执行。

建筑密度（Building Density；Building Coverage Ratio）：在一定范围内，建筑物的基底面积总和与占用地面积的比例（%）。

容积率（Plot Ratio；Floor Area Ratio）：在一定范围内，建筑面积总和与用地面积的比值。

绿地率（Greening Rate）：一定地区内，各类绿地总面积占该地区总面积的比例（%）

11.4.2 场地

11.4.2.1 控制界线

总平面图中需要以粗双点划线表示城市规划对用地有所限制的控制线，标注出控制界线的名称及角点坐标（图11-3），同时应将拟建建筑与这些控制线相关

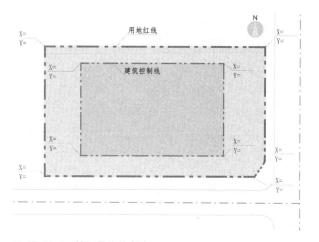

● 图 11-3　控制界线的表达

的距离等尺度数据一并表达出来。《民用建筑设计统一标准》GB 50352—2005 中对各类控制线有如下定义：

用地红线（Boundary Line of Land；Property）：各类建筑工程项目用地的使用权属范围的边界线。

建筑控制线（Building Line）：又称建筑红线，有关法规或详细规划确定的建筑物、构筑物的基底不得超出的界线。

道路红线（Boundary Line of Roads）：规划的城市道路（含居住区级道路）用地的边界线。

11.4.2.2　原有地形

原地形及地物等信息可单独表达，也可结合新设计内容一同表达。图纸表达时注意以细线、淡显灰度等方式与拟建建筑物及场地设计进行区分，以避免影响辨识新设计的内容（图 11-4）。

11.4.2.3　周边环境

在建筑工程的方案设计中，不仅设计建筑物本身，还包括其所在基地内与建筑紧密相连的道路、绿地、广场、停车场以及其他环境的设计。这些与建筑物单体设计紧密相关的场地设计，在方案阶段的总平面图中都需要绘制出来，同时需要标明场地各部分的名称以及必要的尺度标注、对应的竖向控制标高等重要信息（图 11-5）。

建筑基地中如有对拟建建筑有制约的原有建筑、构筑物或景观，均应明确表达出来，且需按要求标出与拟建建筑之间的距离，以明确满足相关规划控制要求。

11.4.3　拟建建筑的图示信息

总平面图应反映建筑物在室外地坪上的墙基外包线，宜以 $0.7b$ 宽的实线表示；室外地坪上的墙基外包线以外的可见轮廓线，宜以 $0.5b$ 线宽的实线表示（表 11-4 中的"规范表达"）；建筑物上部连廊用细虚线表示并标注位置；原有建筑物以细实线表示其轮廓；计划扩建的建筑物或预留地则用中粗虚线表示；拆除的建筑物用细实线表示；建筑物下面通道或地下室以中粗虚线表示（图 11-6）。

同一工程不同专业的总平面图，在图纸上的布图方向均应一致。单体建筑平面图纸上的布图方向应与总图一致，必要时可做调整，但应以"上北下南"

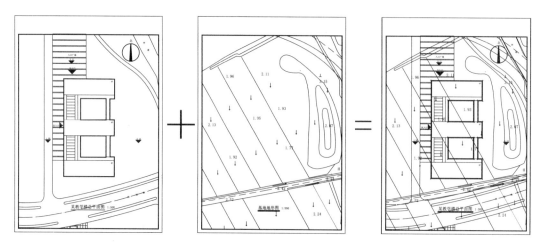

● 图 11-4　总平面图中原始地形信息的表达

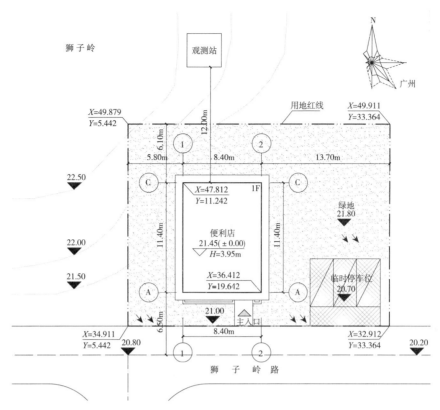

● **图11-5　建筑物距离周边建筑标注示例**

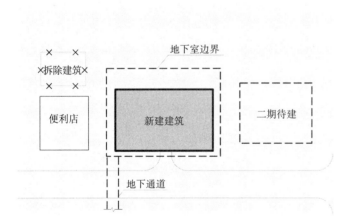

● **图11-6　各类建筑物在总平面图中的表达方式**

的方向布局。不同专业的建筑单体平面图的布图方向均应一致。

　　总平面图中建筑物的表达应能清晰反映建筑物所在定位。但由于工程阶段不同，对图纸深度、精度的要求以及总平面图中建筑物的表达也会有所不同。

　　当方案在未定案前，对建筑物的坐标定位精度要求不高，此时总平面图中建筑物以屋面投影法表达，以提高建筑物在场地中的辨识度，易于工程投资方等非专业人士接受图面信息（表11-4）。

　　随着方案不断深化，应渐渐明确建筑物首层与周边道路、环境等的衔接关系，此时应将建筑在室外地坪 ±0.00 以上的墙基外包线标示出（表11-4）。

　　当方案定稿，需交由规划审批部门审批或作进一步深化设计以指导施工时，应严格按照《总图制图标准》GB/T 50103—2010 要求执行（表11-4）。

　　当屋面高差关系较为复杂时，可以用屋面投影法来补充出挑部分的屋面细节，如表11-4中的"方案深化图"，以明确屋面不同部分的高度，易于方案的判断及规划审批，此时需在图纸中加注线型分配说明，以避免混淆。

　　另有单纯表达屋面投影的方法，如表11-4中的"方案简图"，能非常形象地表达出建筑物自身的顶部形象以及与其所在用地范围之间的位置关系。由于成像效果简单形象，易被非专业人员辨识，因此在建筑设计方案初期的成果展示时，多被采用。

总平面图中的建筑物在不同设计深度时的表达　　　　　　　　　　表 11-4

模型	方案简图	方案深化	施工图表达
模型			
线型安排	粗线：屋面投影最外边缘轮廓线； 细线：屋面投影	粗线：屋面投影最外边缘轮廓线； 细线：屋面投影； 虚线：建筑与室外地坪相接处 ±0.00 外墙定位轮廓线	粗线：0.7b。建筑与室外地坪相接处 ±0.00外墙定位轮廓线； 中粗：0.5b。室外地坪上的墙基外包线以外的可见轮廓线； 细线：屋面投影
应用范围	方案草图、投标等侧重表达及区分建筑与场地关系、无须明确建筑与地坪相接处精确定位信息的图	方案草图、投标等侧重表达及区分建筑与场地关系且需明确建筑与地坪相接处定位信息、明确道路与建筑出入口关系的图	报建图、施工图等需要明确建筑物与地坪相接处定位信息、道路与建筑出入口关系及屋面高度层数等信息的图纸
备注	—	应附加说明："粗实线代表屋面投影外轮廓，粗虚线代表首层轮廓投影被遮挡部分，细实线代表屋顶可见线"	应附加说明："粗实线代表首层轮廓，细实线代表屋顶可见线，并以色度填充屋顶平面"

11.4.4　场地说明性信息

在总平面图中，需要表达各类场地的名称、出入口等相关必要信息，总平面图中的建筑物需要表达出其名称、形态、尺寸、层数、高度、基地建筑物 ±0.00 对应的绝对标高以及出入口位置等属性信息（图 11-7）。

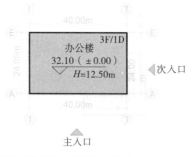

● 图 11-7　总平面图中建筑物属性信息表达

11.4.4.1　名称和编号

相关规范：

（1）总平面图中的建筑物、构筑物应注写名称，名称宜直接标注在图上。总平面图中与建筑物相关的字符平行于该建筑物长边书写，如图 11-8 所示。

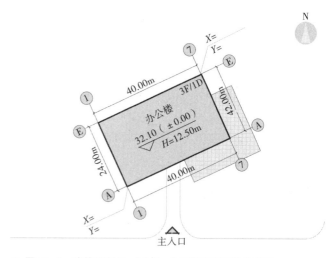

● 图 11-8　建筑物名称、标高、坐标等平行于建筑书写

（2）当图样比例过小或图面无足够位置注写时，建筑名称可在图面标识编号，将编号表标注在图内（图 11-9），当图形过小时，可用引出线引出后标注在图形外侧附近处。

（3）一个工程中，整套总图图纸所注写的场地、

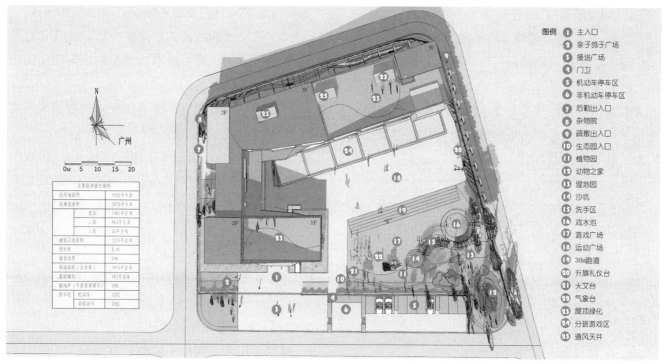

幼儿园总平面图 1 : 300

● 图11-9 总平面图中编号表达

图例
1 主入口
2 亲子鸽子广场
3 接送广场
4 门卫
5 机动车停车区
6 非机动车停车区
7 后勤出入口
8 杂物院
9 疏散出入口
10 生态园入口
11 植物园
12 动物之家
13 湿地园
14 沙坑
15 洗手区
16 戏水池
17 游戏广场
18 运动广场
19 30m跑道
20 升旗礼仪台
21 大文台
22 气象台
23 屋顶绿化
24 分班游戏区
25 通风天井

建筑物、构筑物道路等的名称应统一，各设计阶段的上述名称和编号应一致。

11.4.4.2 出入口

总平面图中应明确表达出建筑物各个主次入口的位置，以实心三角符号标识出，并注明相应名称（图11-10）。

11.5 总平面图内容详解——数据信息

11.5.1 尺寸

11.5.1.1 拟建建筑的设计尺寸

总平面图方案中的建筑物尺寸应表达建筑物外墙定位轴线之间的总尺寸，轴线用细实线表示并标明轴线号。距离单位为m，可于总图说明里表示单位，图纸标注处省略，精确到0.01m（图11-11）。

建筑物的定位信息中原则上应标有定位坐标（一般以外墙定位轴线交叉点的坐标），方案报建图中应明确拟建建筑最外侧轴线角点的定位坐标，在

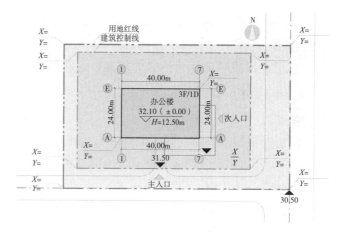

● 图11-10 总平面图表达

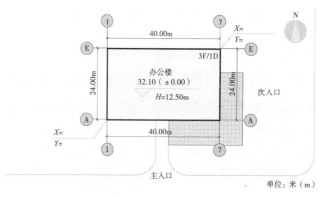

● 图11-11 总平面图中建筑尺寸信息表达

方案设计初期阶段，可省略。

11.5.1.2　拟建建筑与周边的距离

当上层规划对场地内有距离控制要求时，也应在图纸中注明该处设计距离。例如，某地块规划要求建筑距离用地红线不小于25m，距离周边加油站不小于50m，那么在图纸的标注中应将此信息反映出来（图11-12）。

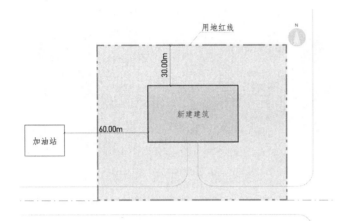

● 图11-12　建筑与周边距离标识

11.5.2　标高

总平面图需明确场地的竖向布置，高程数据使用绝对标高（图11-10），总平面图中应明确如下标高：

（1）场地原始测量标高（地形图）。

（2）场地四邻的道路、地面、水面等的关键性标高（如道路出入口）。

（3）场地内部主要道路、出入口、广场的起点、变坡点和终点的设计标高，以及场地的控制性标高。

（4）总平面图中，一栋建筑物内宜标注一个±0.00标处的绝对标高值，不表达其他相对标高（图11-17）。

（5）建筑物室外散水，标注建筑物四周转角或两对角的散水坡脚处标高（方案图中可不标注）。

（6）构筑物标注其有代表性的标高，并用文字注明标高所指的位置。

（7）场地平整标注其控制位置标高，铺砌场地标注其铺砌面标高。

（8）道路标注路面中心线交点及变坡点标高。

（9）挡土墙标注墙顶和墙趾标高，路堤、边坡标注坡顶和坡脚标高，排水沟顶和沟底标高（方案图中可根据需要标注）。

标高符号应按国家标准《房屋建筑制图统一标准》GB/T 50001—2017的有关规定进行标注。

注意：应注意区分总平面图标高精确至"0.00"，总图中测量坐标精确至"0.000"，建筑单体立面图、剖面图标高精确至"0.000"。

11.5.3　建筑高度与层数

总平面图中需标明拟建建筑室内地坪（±0.00）的高程及建筑层数（含地上及地下）。

11.5.3.1　高度及层数的表达

总平面图中，应标出建筑物各部分的层数及相应高度（图11-13）。

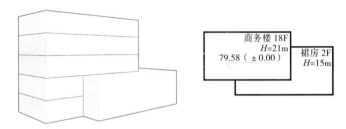

● 图11-13　建筑在总平面图中的表达

注意：每部分屋面均需配有层数及相应高度，但总平面图中每一栋建筑（只存在一个±0.00）的定位绝对标高值只有一个。

11.5.3.2　建筑层数的计算①

根据《建筑设计防火规范》GB 50016—2014（2018年版）规定，建筑层数应按建筑的自然层数计算，当遇如下情况时可不计入建筑层数：

（1）室内顶板面高出室外设计地面的高度不大于1.5m的地下或半地下室。

（2）设置在建筑底部且室内高度不大于2.2m的自行车库、储藏室、敞开空间。

---

① 此处建筑层数以《建筑设计防火规范》GB 50016—2014（2018年版）为依据。

（3）建筑屋顶上突出的局部设备用房、出屋面的楼梯间等。

总图中建筑物的层数不仅表达地上层数，若有地下室也需要一同表达出。图11-10中，3F/1D的意思是：建筑地上3层，地下1层。当建筑物局部层数不同时，应注明每一部分的层数（图11-13）。

地下室（Basement）：房间地平面低于室外地平面的高度超过该房间净高的1/2者为地下室。

半地下室（Semi-basement）：房间地平面低于室外地平面的高度超过该房间净高的1/3，且不超过1/2者为半地下室。

11.5.3.3 建筑高度的计算[①]

建筑物高度和层数的计算参照《建筑设计防火规范》GB 50016—2014，按如下方法计算（同时应满足当地城市规划行政主管部门和有关专业部门的规定要求）：

（1）坡屋面建筑的高度为：室外设计地面至建筑檐口与屋脊的平均高度。

（2）平屋面（含女儿墙）建筑的高度为：室外设计地面至建筑屋面面层的高度。

（3）多种形式屋面的建筑高度：按上述（1）和（2）的方法分别计算后，取最大值。

注意：如下情况时，应按建筑物室外地面建筑物（构筑物）最高点的高度来计算：机场、电台、电信、微波通信、气象台、卫星地面站、军事要塞工程等周边的建筑，当其处在各种技术作业控制区范围内时，应按净空要求控制建筑高度。

（4）场地为台阶式地坪，当同一建筑在不同高程地坪之间有防火墙分隔，各部分有符合规定的安全出口，且可沿建筑的两个长边设置贯通式或尽头式消防车道时，可分别计算各自的建筑高度。否则取最大值作为该建筑物高度（图11-14）。

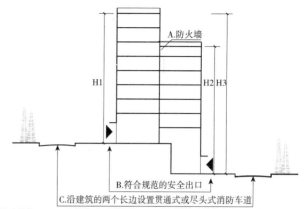

同时具备A/B/C三个条件时，可按照H1/H2分别计算建筑物高度；否则按照H3计算

● 图11-14

（5）不计入建筑高度的有：

①屋面凸出物：屋面上局部凸出的楼梯间、电梯机房、水箱间等辅助用房，占屋面面积不超过1/4则不计入建筑高度；凸出屋面的通风道、烟囱、装饰构件、花架、通信设施、空调冷却塔等设备等不计入建筑高度。

②住宅建筑底部设有自行车库、储藏室、敞开空间等用房时，室内高度不大于2.2m则不计入建筑高度。

③室内外高差、建筑的地下或半地下室的顶板高出室外设计地面的高度不大于1.5m的部分，也不计入建筑高度。

11.5.4 定位信息

建筑物需精确定位，以确保在任何地形条件下放线准确。总平面图中用坐标表示各类建筑及构筑物的位置，常用测量坐标或测量坐标与建筑坐标结合的两种系统，当两种系统同时出现时，应在附注中注明换算公式。

11.5.4.1 测量坐标

在地形图上绘制的方格网称为测量坐标网。测量坐标采用高斯平面直角系统，X轴向北为正，Y轴向东为正，交叉十字线表示，与地形图采用同一比例，以 $100m \times 100m$ 或 $50m \times 50m$ 为一方格。

建筑物及构筑物位置的坐标应根据设计不同阶段要求进行标注，当建筑物（构筑物）与坐标轴平行时，可注其对角坐标（图11-11、图11-17~

[①] 此处建筑高度以《建筑设计防火规范》GB 50016—2014（2018年版）为依据。但应注意，在设计初期方案阶段以及上报当地规划部门时，应标注建筑规划高度，用以明确建筑外形总包尺寸，便于城市规划控制，该规划高度一般为室外地坪至女儿墙顶的总高度，具体计算方法以当地规划部门具体要求为依据。

图 11–19）；与坐标轴线成角度或建筑平面复杂时，宜标注三个以上坐标，如图 11–17 中的酒店商业楼。

注意：总图中测量坐标精确至"0.000"与总平面图标高精确至"0.00"注意区分。

根据工程具体情况，建筑物（构筑物）也可用相对尺寸定位。

11.5.4.2　建筑坐标

建筑坐标是将建设地区某点定位原点"0"，竖直向上为 A 轴正向，水平向右为 B 轴正向，用细实线画成网格通线，作为自设坐标（图 11–15）。坐标值为负数时，应注明"–"，正数可省略"+"。

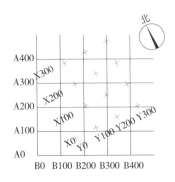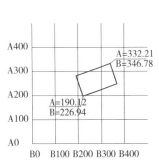

● 图 11–15

11.5.4.3　计算机制图坐标

计算机辅助制图（即 AutoCAD 坐标系）采用的是数学坐标，应注意该系统与测量坐标系统的 X 轴、Y 轴位置是对调的。

测量坐标系统（高斯平面直角坐标）与数学坐标系统（笛卡尔坐标）规定不同，高斯平面直角坐标系统规定 X 轴向北为正，Y 轴向东为正，象限按顺时针方向编号；笛卡尔坐标系设 X 轴为横轴，Y 轴为纵轴，象限按逆时针方向编号。因此，在拿到测量坐标录入计算机时，应先输入 Y 轴值。如某建筑物角点定位为"X=3221.230，Y=2029.418"，录入计算机时应为"2029.418，3221.230"。

11.5.4.4　总图需明确的定位信息

总平面图中建筑物、构筑物、铁路、道路等应标注下列部位的坐标或定位尺寸：

（1）建（构）筑物的外墙轴线交点。

（2）圆形建筑物、构筑物的中心。

（3）皮带走廊的中线或其交点。

（4）道路（铁路）的中线交叉点和转折点，铁路道岔的理论中心。

（5）挡土墙起始点、转折点墙顶外侧边缘（结构面）。

11.5.5　角度、坡度

建筑物、构筑物、铁路、道路方位角（或方向角）和铁路、道路转向角的度数，宜注写到"秒"，特殊情况应另加说明。

道路纵坡度、场地纵坡度、场地平整坡度、排水沟沟底纵坡度宜以百分计，铁路纵坡度宜以千分计，并应取小数点后一位，不足时以"0"补齐，如图 11–16。

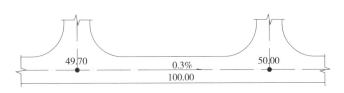

● 图 11–16

11.6　读图

11.6.1　了解项目及场地概况

（1）了解项目性质、图纸比例及说明文字、熟悉图例。如图 11–17 为商业用地的商务区规划设计，图 11–18 为住宅用地的别墅单体设计，图 11–19 为公园绿地中的服务设施单体设计。

（2）了解地形地貌、场地竖向概况、建筑与周边环境关系以及场地内外道路布局等。图 11–17，项目位于广州地区某城市道路相交地段，地形西南高东北低，场地大致平缓，内部环路贯通，周边有居住区、公园及待开发区；图 11–18 别墅位于贵阳某缓坡地段，等高线显示为北高南低；图 11–19 从等高线可以看出便利店位于桂林某山脚下，北高南低，便利店在南部平坦地段，与北部气象观测站有一定距离。

11.6.2　了解建筑信息

（1）了解拟建建筑的性质、层数、±0.00处标高与周边标高关系、建筑边界（含地下室边界）与用地界线关系。

（2）了解场地各部分，如绿地、道路及广场等位置及关系。

（3）了解场地竖向排水情况。

（4）查找定位信息。

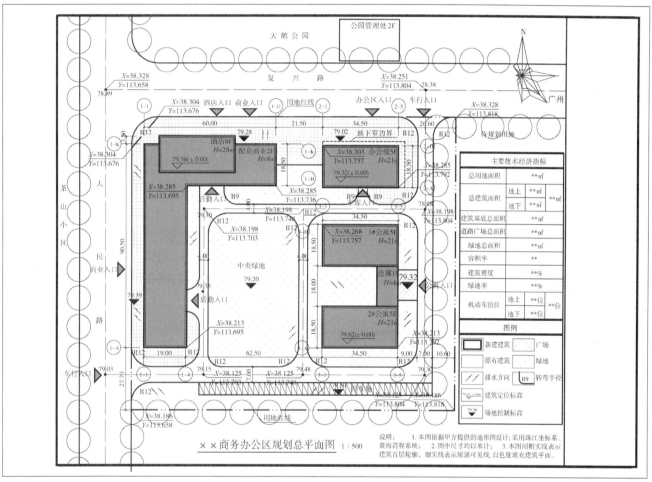

● 图 11-17

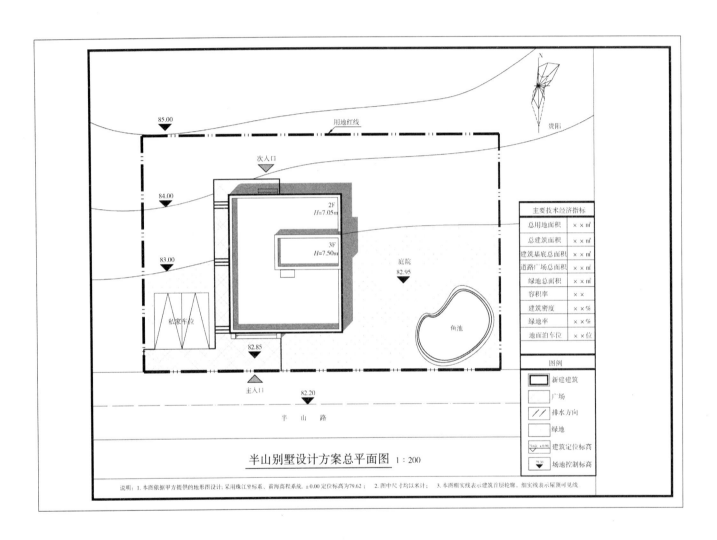

半山别墅设计方案总平面图 1：200

●　图 11-18

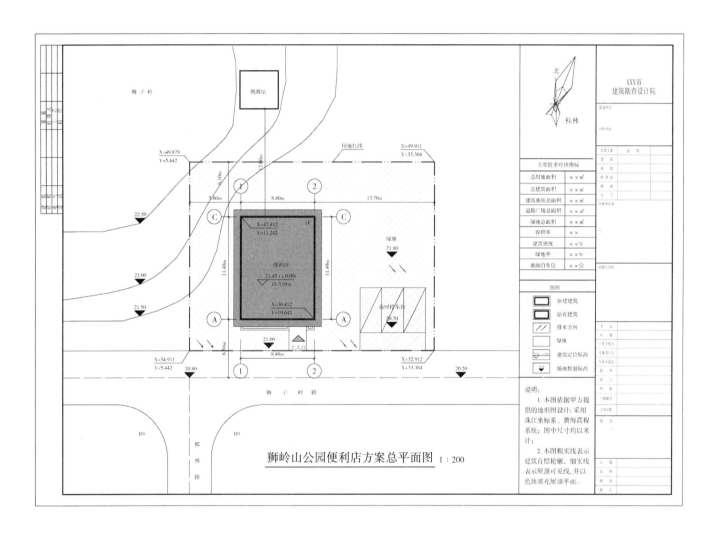

狮岭山公园便利店方案总平面图 1 : 200

● 图11—19

第12章 建筑方案平面图

12.1 平面图作用

建筑平面图实质上就是在门窗洞口位置水平剖切后的水平投影图，在方案阶段用以表达内部功能布局及尺寸安排，反映出建筑的平面形状布局及大小，包括围护结构和承重结构的位置、门窗的类型和位置。深化图中用以指导施工放线、结构砌筑、门窗安装、室内装修及工程预算、施工备料等。

建筑设计首要是设计使用功能，平面图是展现设计建筑空间安排最直观的图纸，是设计中最基本

的图纸，是建筑立面图、剖面图的依据，也是建筑工程其他专业工种设计的基础图。平面图的信息量较大，因此在绘制中需要逻辑清晰、目标明确，做到图面绘制简明、全面、精准。

12.2 平面图的绘制

12.2.1 线型安排

如图12-1、图12-2所示，平面图的线型安排如下：

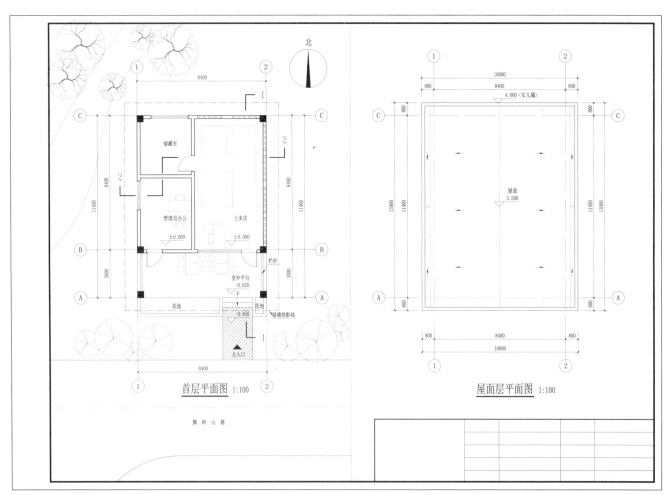

● 图12-1 平面图范例

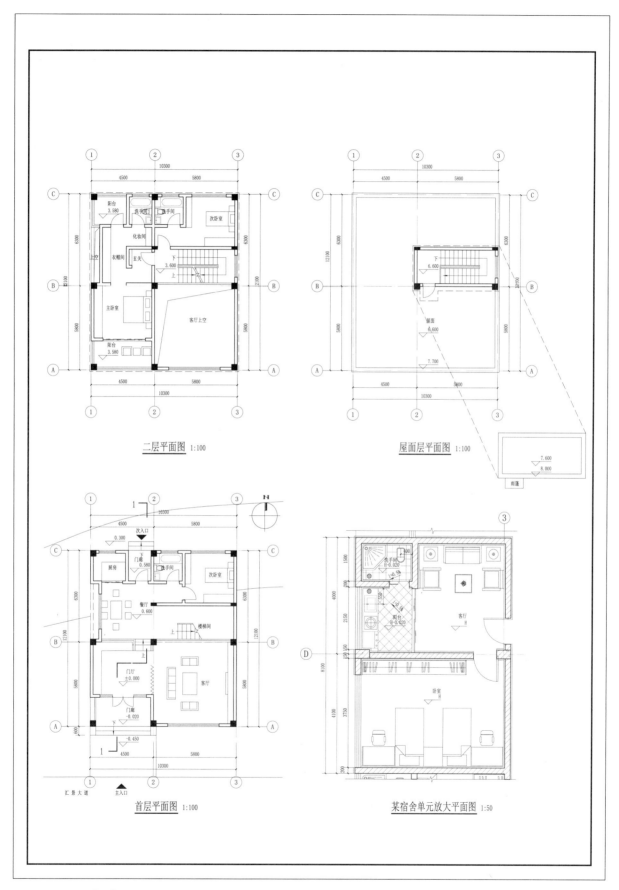

二层平面图 1:100

屋面层平面图 1:100

首层平面图 1:100

某宿舍单元放大平面图 1:50

● 图12-2 平面图及详图范例

被剖切到的建筑实体部位，用粗实线和图例表示，如墙柱、台阶楼梯、门窗等，轻质隔断可增加中实线表示。

未被剖切但在投影方向看见的部位，用细实线表示，如台阶、坡道、栏杆投影、梁柱、建筑外轮廓、花坛、外部阳台、雨篷顶面等。家具、铺装等线条较细密时，可采用细实线配以淡显的方式表示。

未被剖切但在投影方向被遮挡的部位，用细虚线表示，如地沟等，地下室边线在首层用粗虚线表示。

未被剖切但在投影反方向镜像投影到的部位，用细虚线表示，如高窗、天窗、墙上方孔洞、雨篷、上方出挑屋檐等。

建筑平面图图线应符合附录2的规定。现行国家标准《建筑制图标准》GB/T 50104中对平面图纸的图线规定示意，如图12-3所示。

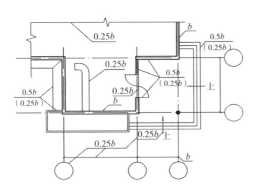

● 图12-3 平面图线选用示例（选自《建筑制图标准》GB/T 50104—2010）

12.2.2 深度要求 [①]

（1）图纸名称、比例或比例尺。

（2）首层平面图应标明剖切线及索引的位置和编号，并应标示指北针。

（3）平面的总尺寸、开间、进深尺寸及结构受力体系中的柱网、承重墙位置和尺寸（也可用比例尺表示）。

（4）各层楼地面标高、屋面标高。

（5）各主要使用房间名称。

（6）必要时绘制主要用房的放大平面和室内布置。

（7）室内停车库的停车位和行车线路。

12.2.3 具体内容

12.2.3.1 指北针及比例

指北针绘制在首层平面图。

平面图的出图比例宜为1：100、1：150、1：200，详图比例宜为1：50，可根据图幅需要进行调整。由于图幅的原因缩放图纸，则应放置比例尺，如图12-4。

12.2.3.2 平面布局及朝向

总体来说，各层平面均应包括建筑物平面形状、各功能用房的布局和相应名称、交通流线组织、水平流线和竖向交通的安排、门窗洞口位置示意以及开启方向。细致的平面方案还可绘制家具、洁具等。

分项来讲，首层需表达室内外的关系，且与总平面图一致，具体有：（1）方位：（首层需配有指北针）；（2）距离关系（如用地/建筑红线与建筑物的距离、

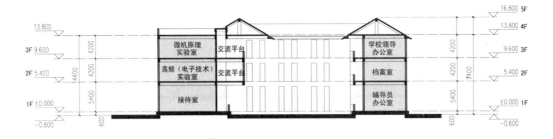

1-1剖面图 1：200

● 图12-4 未标比例的图需配有比例尺

① 参考《建筑工程设计文件编制深度规定》（2016版）。

道路与建筑物的距离等）;（3）交通关系（机动车出入口、门厅出入口的室内外高差台阶或坡道连接方式、无障碍设计等）;（4）连接关系（与建筑物紧密联系的建筑物或构筑物需表示连接的局部平面图）;（5）附属关系（建筑物附属的室外台阶、散水等）。

楼层（或地下层）的中间层若每层布局完全相同，则可统一为一张"标准层平面图"。若局部不同，可单独索引绘制。

屋面层在方案阶段表示屋面的水平投影、女儿墙轮廓线、屋脊、檐沟位置及排水方向等。

12.2.3.3　轴线定位及尺寸

需标出承重结构的轴线及编号（初步方案可不标轴号，投标方案如无明确相关要求可不标，但报建深度必须标明）;定位尺寸;外包总尺寸。

轴网定位及尺寸作为后期设计深化阶段的建筑定位依据非常重要，大型、复杂的建筑后期须绘制轴网定位图。因此，在方案阶段的图纸，应确保轴网定位准确无误。

门窗洞口等细部尺寸在方案阶段除特殊要求外，暂无须表达。

12.2.3.4　竖向标高

首层确定 ±0.000 的位置，室内外地面设计相

对标高，各楼地面相对标高（建筑完成面标高）。

12.2.3.5　各类符号

剖切符号：首层须标出剖切符号，剖视方向宜向左、向上，便于看图；编号宜由下至上、由左至右依次编排。

索引：放大平面的索引应在第一次出现的时候标出，其后重复出现时，不必再引。

12.2.3.6　平面详图

一般在方案阶段需要绘制的平面详图有：公共建筑中有特殊装修要求，特殊功能及工艺要求的房间（如实验室、手术室、车间、幼儿园活动单元等），酒店建筑的客房，观演建筑的观众厅及舞台，体育建筑中的比赛场地，游泳池，居住建筑的户型详图，宿舍单元平面详图等。

平面详图的绘制深度不低于平面图要求，还须绘制：

（1）固定和活动的家具及房间相关功能的设施。

（2）根据设计需要，标识出相应的活动尺度范围，如无障碍轮椅转弯半径。

（3）涉及排水的详图，如卫生间详图、阳台等，须绘制相应排水沟、地漏、排水方向及坡度（图 12-5）。

（4）居住建筑应绘制出居住单元内部主要房间

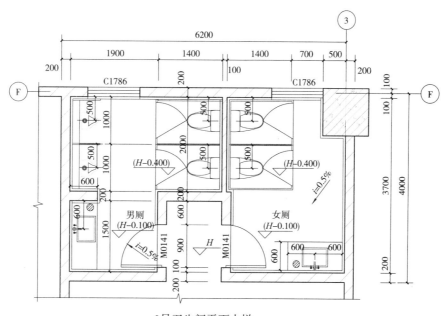

3号卫生间平面大样 1:50

的家具及设备布置，标出各房间名称及使用面积、阳台建筑面积。

（5）当标准层核心筒平面详图符合制图比例规定时，可代替本层楼梯、电梯、卫生间详图的平面部分。

12.2.3.7　位置编号示意图

在大型建筑设计中，如大型公共建筑、商业街、居住建筑组合体等，表示该部分平面在整个建筑组群中的位置、面积须附在每张平面图上，若工程复杂程度较大，也可单独成图。

12.2.3.8　图内附加说明

图中需要说明的文字，可附加在适当的位置。

12.3　图纸编排顺序

一般来说，技术图纸中的平面图编排是按照从总体到分项，从低到高的顺序：总平面图、地下最深层……负一层、首层、中间层（由低至高）、屋面层。

在投标等方案文本制作中，常将最主要的平面功能层放在前面，顺序为：总平面；地上部分（首层平面、二层……顶层）；地下部分（地下一层、二层……最底层）；屋面层。

12.4　方案平面图制图顺序及技巧

12.4.1　图纸的绘制顺序

平面图的绘制步骤近似施工顺序，先轴线定位，再依次进行主体结构柱墙（预留门窗洞口）、附属门窗等构件，辅以家具铺装等细节。接下来依次是尺寸、标高检查及文字标注检查和剖切、索引等符号标识标注（图12-6）。

绘图时，我们强调图纸的系统性和完整性。例如，进行绘制轴网时，顺便将其标注及轴号的底稿绘制出，图量较少时统一绘出，可避免后期图量大时被遗漏。再如，与墙体联系的楼梯、坡道绘制到该处的墙体时，需要一起绘制出来，同时将箭头、两侧标高标出，每次绘图确保该步骤内信息关联度的完整性，如绘制入口大门时，顺便将"主入口"名称及符号标识出。主体结构绘制完毕，再绘制门窗等配件。每个房间的主体都完成时，将房间名称、标高统一梳理并标识出来。

建筑主体绘制完毕后，可绘制细部配景，先室外，再室内，室外从主次入口开始绕外墙一周，室内按房间排列顺序依次绘制。

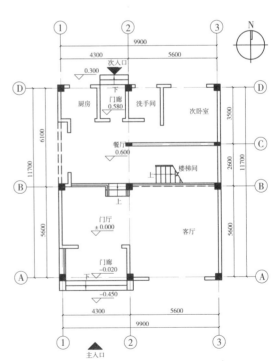

● 图 12-6　平面图绘制步骤

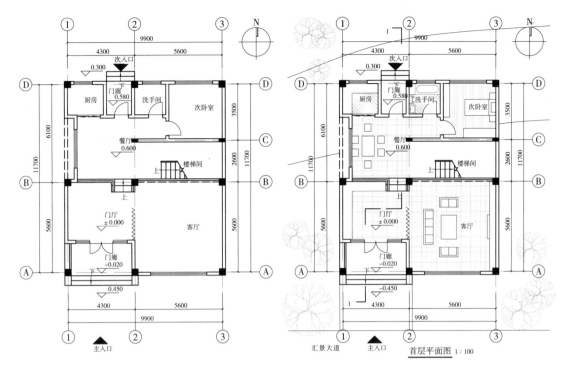

● 图12-6　平面图绘制步骤（续）

最后，统一由左至右、由下至上绘制剖断符号，绕建筑外墙一周或由左至右绘制索引符号等。

12.4.2　检查图纸技巧

检查图纸是否疏漏时，按照类别进行排查。例如，将图纸分为柱网结构墙体类、门窗类、房间名称类、标高类、索引类、家具类等。检查尺寸时，可按照横向和纵向两个方向，依次从左到右、从上到下逐次排查。检查文字标识时，按照由外至内进行检查，先检查外部出入口、出挑投影等可视部分的文字标注，按照顺时针或逆时针，绕建筑外围一周。检查内部房间的标注时，可根据建筑物形态，按照先公共空间，后私密房间的顺序，规划好每部分的检查路径，逐个房间分项检查。每次检查只检查一类，如检查房间名称，按检查路径检查一遍，再同样路径检查标高，依次类推……

12.5　培养高效的绘图习惯

12.5.1　目标清晰，内容明确

绘图前应仔细思考，该套图纸的绘制目标、内容、深度是什么，应重点表达哪些，如何表达会更清晰

明确，图量有多少，如何布局等宏观问题。清晰的绘图目标，是图纸质量保障的第一步。

12.5.2　拆解任务，分项完成

工程图纸内容繁杂，应学会善于将繁杂的图纸系统拆分为多个分项，每次工作按计划时间选择相应图纸的分项内容，这样图纸会更系统、逻辑更清晰，减少疏漏。

12.5.3　绑定信息，便于查改

为了方便图纸标注、检查及日后修改，尽量将相互关联的信息写在一起，不要分开。如房间名称或编号与该房间标高注写在一起，楼梯上下方位箭头与相应两端标高注写在一起，总平面图中的建筑物名称与 ±0.00 的绝对标高标在一起，楼层数与相应高度标在一起等（图12-7）。

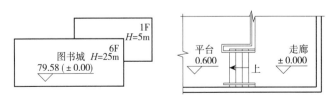

● 图12-7　图纸信息绑定示意

12.5.4　重复信息，统一说明

相同数据只在一处出现。相同部分若多次出现，可只标注其中一个，以免多次修改后，数据出现错漏，例如某卫生间索引详图部分，已有具体细节尺寸，则被索引的原图可只定位尺寸，不必重复标注细节尺寸。若该类数据需要标注多处才利于查找，那么可在图纸说明中统一说明。

需要多处标明方能利于查找的数据（如墙宽、空调预留洞口尺寸等），能使用文字统一说明的数据，都尽量文字说明统一说明，以减少绘图及读图负担，如"图中门垛尺寸均为200""图中窗均居中"等。

12.5.5　零碎信息，列入备忘

稍后再画的图或待检查的部分，可先列入个人备忘项目，待图纸完成后，检查备忘项目是否完成。

养成良好的绘图习惯，可以大大提高图纸绘制效率及准确度。

12.6　常用的平面图绘制技巧

12.6.1　多层集中绘制

当建筑物多个楼层的布局一致，则可以统一画一个标准层，但应注意，在该标准的图名应包括涉及的所有楼层，且应标出所有涉及楼层的标高（图12-8）。

12.6.2　局部特例可绘制局部图

多层主体结构一致但局部有不同，则须索引标注，将不同之处绘制出来（图12-9）。

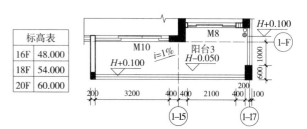

十六、十八、二十层局部平面图　1：100

（a）标准层中局部特异的阳台

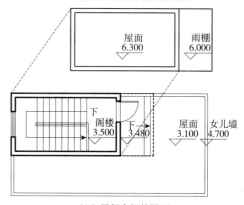

（b）局部房间的屋面

● 图12-9　局部特例可绘制局部图

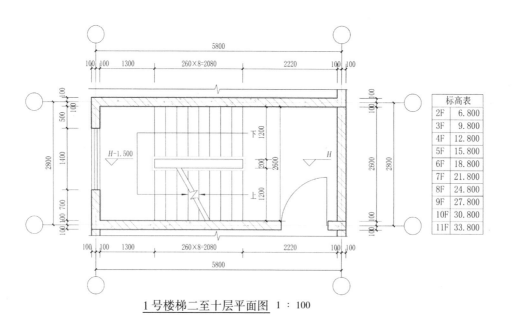

1号楼梯二至十层平面图　1：100

● 图12-8

12.7　平面图制图规范要点

12.7.1　视图的选择

建筑物平面图应在建筑物的门窗洞口处平剖切俯视（图12-10a），屋顶平面图应在屋面以上俯视图12-10b）。图内应包括剖切面和投影方向可见的建筑物构造以及必要的尺寸、标高等，表示高窗、洞口、通气孔、槽、地沟及起重机等不可见部分时，应采用虚线绘制。

另外，在工程设计中，常遇到用正投影法绘制不易表达的时候，如室内吊顶的设计、灯具安装定位等，此时若假设物体下面的投影面是镜面，镜面的投影面反射了物体底部的全部影像，将这些影像勾画出来得出的图像标为"平面图（镜像）"，我们

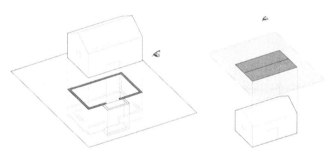

● 图12-10　平面图视图位置示意

把物体在平镜中的反射图像的正投影称为镜像投影，如图12-11。镜像投影一般用于表示某些特殊位置的工程构造。

镜像视图较多用于室内设计、古建图等，反映室内吊顶的设计、灯具及喷淋等的布局，古代建筑中殿堂室内房顶上藻井（图案花纹）等的构造情况。

顶棚平面图宜采用镜像投影法绘制。

12.7.2　图纸布局

（1）平面图方向宜与总图方向一致，且长边宜与横式幅面的图纸长边一致。

（2）同张图纸绘制多层平面图时，宜按层数由低至高的顺序从左到右或从下到上布置。

（3）建筑物平面图应注写房间名称或编号。编号应注写在直径为6mm细实线绘制的圆圈内，并应在同张纸上列出房间名称表。

（4）平面较大的建筑物，可分区绘制平面图，但每张平面图均应绘制组合示意图，用阴影或填充图纸所在的分区，并注明关键部位的轴号。各区应分别用大写拉丁字母编号（图12-12）。

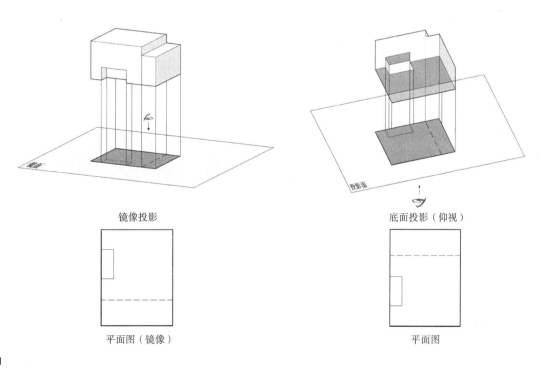

镜像投影　　　　　　　　　　　　底面投影（仰视）

平面图（镜像）　　　　　　　　　　平面图

● 图12-11

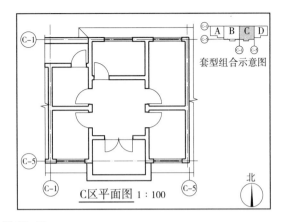

● 图 12-12

就从哪层出发。例如绘制首层平面图，基点为 ±0.000，那么与首层相连的楼梯，就是从 ±0.000 出发，向标高更高处为"上"，去标高低的为"下"（图 12-13）。

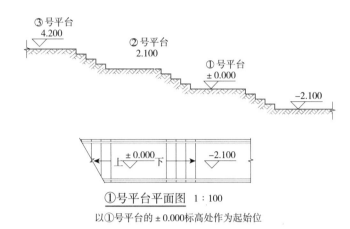

①号平台平面图　1:100
以①号平台的 ±0.000 标高处作为起始位

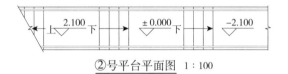

②号平台平面图　1:100
以②号平台的 2.100 标高处作为起始位

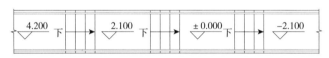

③号平台平面图　1:100
以③号平台的 4.200 标高处作为起始位

● 图 12-13

12.7.3　标高与尺寸的标注

（1）建筑物平面图及详图宜标注室内外地坪、楼地面、地下层地面、阳台、平台、檐口、屋脊、女儿墙、台阶、雨篷、门、窗等处的标高。

其中，楼地面、地下层地面、阳台、平台、檐口、屋脊、女儿墙、台阶等处应标注建筑完成面标高；其余部分应注写毛面尺寸及标高[①]。

（2）标注建筑平面图及详图各部位的定位尺寸时，应注写其最邻近的轴线间的尺寸。

（3）平屋面等不易标明建筑标高的部位可标注结构标高，并应进行说明。

（4）结构找坡的平屋面，屋面标高可标注在结构板面最低点，并注明找坡坡度。

（5）有屋架的屋面，应标注屋架下弦搁置点或柱顶标高。

（6）梁式悬挂起重机宜标出轨距尺寸，并应以米（m）计。

12.8　平面图常见知识点

12.8.1　楼梯及坡道"上""下"标识的规则

楼梯及坡道的方向标识遵循一个原则：哪层图纸，

12.8.2　多层投影线与镜像投影线的取舍

由于建筑物的平面图是沿门窗洞口位置水平剖切的投影图，当建筑层级较多、形态复杂时，未剖切部分的投影量会随之增加。为了避免图纸信息重复，我们绘制图纸时，应尽量遵守"图纸唯一，就近投影"的原则，即建筑物每层只画本层剖切面、下一层的投影线、上一层的镜像投影线，不画隔层投影线。

如图 12-14 所示，按 1-1、2-2、3-3、4-4 逐层剖切向下俯视，便形成了首层平面、二层平面、三层平面、屋面层平面。

首层剖切后，向下俯视，除被剖切的墙体（加粗黑线圈）外，还有二层出挑的投影线，镜像投影后虚线表示出位置；同时室外环境也是可以俯视到

[①]　毛面尺寸及标高是结构完成面的尺寸和标高，非建筑完成面，建筑工程图纸中的墙体厚度尺寸、梁底和板底的标高都是毛面尺寸，都是不包括抹灰和饰面层等的结构面尺寸。

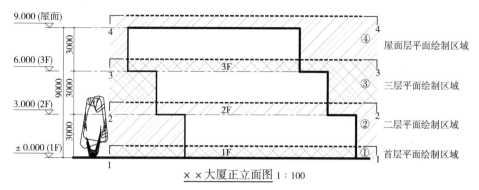

××大厦正立面图 1 : 100

● 图 12-14 平面图的剖切位置及投影区域示意图

各层平面中的投影表达示意

表 12-1

各层平面	出挑及投影画法	说明
首层	二层投影线 内部平面图省略 北	实线绘制①区域剖切后水平投影部分，虚线绘制②区域镜像投影轮廓
二层	内部平面图省略 3.000 三层投影线	实线绘制②区域剖切后水平投影部分，虚线绘制③区域镜像投影轮廓
三层	内部平面图省略 6.000	实线绘制③区域剖切后水平投影部分，虚线绘制④区域镜像投影轮廓
屋面	9.000 (屋面)	实线绘制④区域剖切后水平投影部分
总平面	3F 2F 1F	实线表达建筑单体所有可见部分投影

的，细线表示出首层环境。

二层剖切后，向下俯视，除被剖切的墙体（加粗黑线圈）外，还有三层出挑的投影线，镜像投影后虚线表示出位置；同时向下俯视可见②区域有首层的屋面，细线表示其轮廓；此时，向下俯视首层树木等①区域的环境仍可见，但需要注意，①区域已在首层表达，那么二层不需要表达。

三层剖切后，除被剖切的墙体（加粗黑线圈）外，

③区域仍可见二层屋面，需一同表达出；逐层下望，①区域的环境和②区域的屋面仍可见，按照"图纸唯一，就近投影"的原则，首层环境和一层屋面已在相应图层有所表达，那么三层平面将不再表达。

同理，在屋面层时，只需表达④区域的屋面，无须表达所有屋面。

屋面所有的轮廓投影，在总平面图中完整表达见表 12-1。

12.9 平面图常见符号

12.9.1 轴线

轴线是房屋设计及施工时定位承重结构的重要依据，因此又称定位轴线；轴线线型为单点划线，线宽 0.25b。

一般情况下，轴线位于墙、柱、梁、屋架等主要承重构件的中心，并编上轴线号，如图 12-15a 所示。

轴线在起到定位作用的同时，还可以用来控制建筑物外轮廓边界。布局轴线时，可以将位于建筑边位的轴线靠建筑外边缘布置，便可以起到控制建筑外轮廓的作用，如图 12-15b 所示。

在实际工程中，若将规划坐标点定于建筑角点，且此点也是轴线交点，则利于规划管控、施工验收等工程环节。这是因为结构专业一般是以轴线为基线进行承重结构截面的设计与调整。当承重结构截面大小有调整时，结构专业一般是基于"轴线位置不变"和"柱子与轴线位置关系不变"这两个不变的情况下进行承重结构截面调整的。由此而来建筑物的外轮廓和面积随之出现如下两种不同情况：

情况一：在轴线居中情况下，承重结构截面大小变化时，轴线始终保持居中状态如图 12-15c 所示；

情况二：若轴线靠边布置的情况下，柱子截面大小改变时，轴线仍保持靠边状态如图 12-15d 所示。

我们将建筑外轮廓角点标出后，可以发现，情况一的轴线居中布置，会导致建筑轮廓外扩，建筑面积随之增大，此时建筑面外轮廓角点的坐标、建筑面积均会与当初报建时有出入，造成不必要的重复报建工作。而情况二轴线靠边布置中，由于轴线与柱子位置关系不变，柱子截面增大后，外轮廓不变，建筑仍满足规划控制要求。

因此，在实际工程中，为方案深化过程能有效控制建筑物外轮廓线，常采用边柱轴线靠边的布置方法，一举两得，事半功倍。

12.9.2 轴号

定位轴线应编号，编号写在轴线端部的圆内。

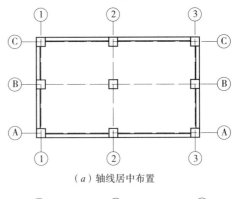

（a）轴线居中布置

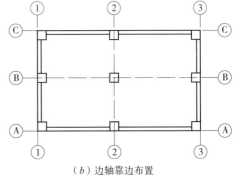

（b）边轴靠边布置

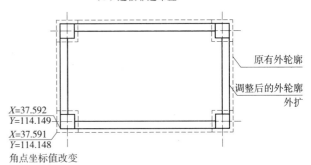

（c）边轴居中，结构外扩带来外轮廓外延

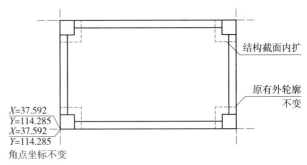

（d）轴线靠边，结构外扩对外轮廓无影响

● 图 12-15 定位轴号的顺序

轴号圆：直径 8~10mm，由线宽 0.25b 的实线绘制，圆心在定位轴线的延长线上或延长线的折线上。

轴号编排规则（一般情况）：平面图上定位轴线的轴号，宜标注在图样的下方及左侧或四周。如图 12-16a，横向轴号应用阿拉伯数字，从左到右顺

序编排；竖向编号应用大写英文字母，从下至上顺
序编排（字母I、O、Z不得作轴号）。当字母数量
不够时，可用双字母或单字母加数字注脚进行区分，
如A、B、C……Y、AA、BA、CA……YA、AB、BB、
CB……YB、AC、BC、CC……

　　轴号编排规则（复杂平面）：采用分区编号。编
号形式为"分区号-该分区定位轴线编号"，分区号
以采用阿拉伯数字或大写英文字母，当同一根轴线
有不止一个编号时，均应列出，如图12-16b中，1-D
与3-A轴号在同一定位轴线上。

　　轴号编排规则（圆弧形、折形平面）：

　　单个圆心的编号中，径向轴线应以角度进行定位，
以阿拉伯数字从左下角或-90°开始，按逆时针顺序
编号；环向轴线以大写英文字母、从外向内顺序编号；
圆心宜选用大写字母编号，如图12-17a所示。

　　多个圆心的编号应加以阿拉伯数字进行区分，
如P_1、P_2、P_3等，如图12-17b所示。

　　折线形状的轴线定位方式同圆弧形，图12-17c。

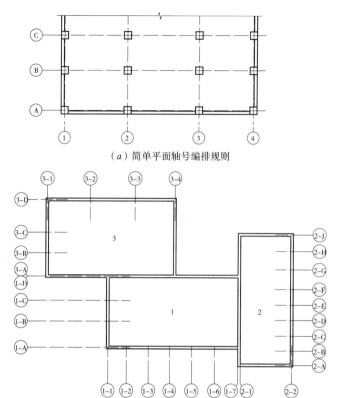

（a）简单平面轴号编排规则

（b）复杂平面需分区编排

● 图12-16　轴号的编排规则

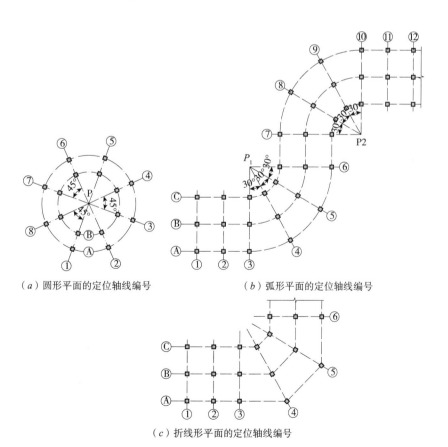

（a）圆形平面的定位轴线编号　　（b）弧形平面的定位轴线编号

（c）折线形平面的定位轴线编号

● 图12-17

（a）用于 2 根轴线　　（b）用于 3 根及以上轴线　　（c）用于 3 根以上连续编号的轴线　　（d）通用详图

● 图 12-18　详图的轴号编写

详图中的轴号：

（1）当详图适用于几根轴线时，应将这几根轴线编号同时列出（图 12-18a）。

（2）当详图是通用图时，定位轴号圈内不注写编号（图 12-18d）。

12.9.3　内视图的平面标注

内视符号可表示室内立面图、建筑内庭院立面图。

室内立面图的内视符号应注明在平面图上的视点位置、方向及立面编号（图 12-19a）。符号中的圆圈用细实线绘制，圆圈直径可根据图面比例在 8~12mm 范围内选择（图 12-19b）。立面编号用拉丁字母或阿拉伯数字。

注意：绘制室内立面图时，宜绘出相应部位的墙体、楼地面的剖切面。必要时，占空间较大的设备管线、灯具等的剖切面，亦应在图纸上绘出。

12.9.4　索引符号

图样中如某一部分需另见详图，应以索引符号索引（图 12-20、图 12-21）。

索引符号：由直径 8~10mm 的圆和水平直径组成，线宽 0.25b。

索引符号的上半圆中用阿拉伯数字注明该详图编号，当索引出的详图与被索引图同在一张图纸内，在下半圆画一段水平细实线（图 12-20b、图 12-21）；不在同一张图纸中，则应在索引符号的下半圆用阿拉伯数字注明详图所在的图纸编号（图 12-20c、图 12-21）。数字较多时，可加文字标注。

当索引出的详图采用标准图时，应在引出线上加注该标准图集的编号，同时将详图所在图纸编号（或页

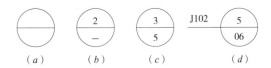

（a）　　　（b）　　　（c）　　　（d）

● 图 12-20　索引符号

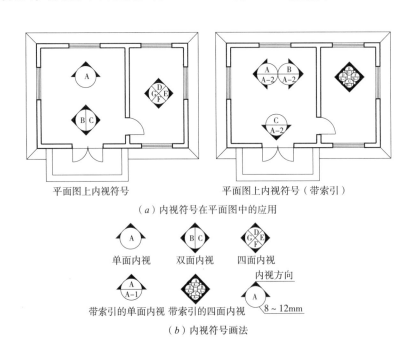

平面图上内视符号　　　　平面图上内视符号（带索引）

（a）内视符号在平面图中的应用

单面内视　　双面内视　　四面内视

带索引的单面内视　带索引的四面内视

内视方向

8~12mm

（b）内视符号画法

● 图 12-19

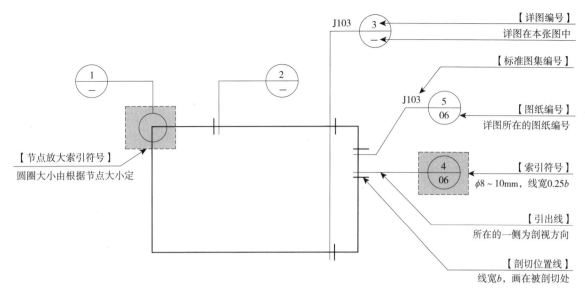

● 图 12-21　剖视详图索引符号图解

码）标在索引符号下半圆内（图12-20d、图12-21）。

索引剖视详图时，应在被剖切的部位绘制剖切位置线，并以引出线引出索引符号，引出线所在的一侧应为剖视方向。

12.9.5　详图符号

详图符号表示详图的位置和编号（图12-22），圆直径应为14mm，线宽b。

当详图与被索引图在同一张图纸内时，详图符号内只注写详图编号，用阿拉伯数字（图12-22a）；不在同一张图纸内时，应用细实线画在详图符号水平直径处，上半圆写出详图编号，下半圆注明被索引图所在图纸的编号（图12-22b）。

使用详图符号作图名时，符号下面不宜再画线（图12-22c）。

12.9.6　引出线

线宽：0.25b。

形式：水平方向直线或与水平方向成30°、45°、60°、90°的折线（图12-23a），一张图纸中的引出线倾角应尽量保持一致。

文字注写位置：水平线上方或端部（图12-23a、图12-23b）。

与索引符号相连时，引出线在索引符号水平直径延长线上（图12-23c）。

引出多条线时：引出线宜相互平行，也可集中一点呈放射状（图12-24）。

引出多个层次时：应通过被引出的各层，且加注圆点示意对应各层次，文字注写在引出线上或

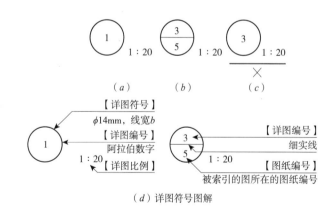

● 图 12-22

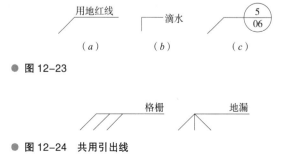

● 图 12-23

● 图 12-24　共用引出线

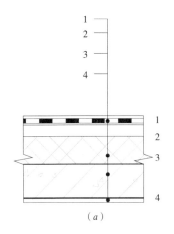
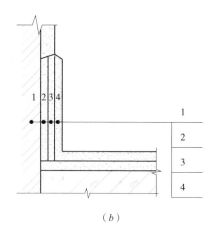

（ *a* ）　　　　　　　（ *b* ）

● 图 12-25

端部，说明文字的顺序与被引注的层次顺序一致
（图 12-25*a*）；当层次为横向时，文字从上至下对应
由左至右的层次（图 12-25*b*）。

12.9.7　连接符号

　　当图形过长且形式保持一致时，可采用连接符
号省去一段的画法，如图 12-26。两部位相距过远时，
每边折断线的两端靠图样一侧都应标注相同的大写
英文字母，以示连接。

12.9.8　变更云线

　　图纸修改处宜用云线（线宽 0.7*b*）圈出，并注
明修改版次。修改版次符号宜为边长 0.8mm 的正三
角形，内用数字表示修改版次（图 12-27）。

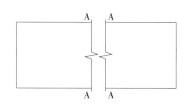

● 图 12-26　连接符号

● 图 12-27

第13章　建筑方案立面图

建筑立面图是建筑的正立面投影图和侧立面投影图。

13.1　立面图的作用

立面图主要展现建筑物外部轮廓、形态，门窗洞口竖向定位，展现外墙饰面颜色、材料及做法等，以及建筑的竖向尺寸。

13.2　立面图内容及深度

13.2.1　基本内容

标识外形。立面图须表明建筑外形、门窗、幕墙、洞口、阳台、台阶、雨篷、室外楼梯、外遮阳构件、栏杆、坡道、花台、烟囱、勒脚、檐口等的位置。立面转折较复杂时，可绘制展开立面。

标识高度。用标高标识出建筑物总高度、楼层位置线标高及对应层数、室内外地坪标高等（高度计算详见第 11 章的"11.5.3 建筑高度与层数"）。其中，楼地面、地下层地面、阳台、平台、檐口、屋脊、女儿墙、台阶等为完成面标高，其余为毛面标高。

标识饰面。需要标明外墙所用材料、颜色等饰面材料信息。

标示索引位置。立面构造中局部需要放大的节点、墙身剖面详图的位置。

图名标识方位。方案阶段通常按照其朝向命名，如南立面图、东立面图等。随着设计的深入，配有轴线及轴号后，以轴号命名更为精准，如"①-⑥立面图"。

13.2.2　深度要求 [①]

①图纸名称、比例或比例尺。

②体现建筑造型的特点，选择绘制有代表性的立面。

③各主要部位和最高点的标高、主体建筑的总高度。

④当遇相邻建筑（或原有建筑）直接关系时，应绘制相邻（或原有建筑）的局部立面。

⑤建筑立面应包括投影方向可见的建筑外轮廓和墙面线脚、构配件、墙面做法及必要的尺寸和标高等。

13.3　立面图绘制

立面轮廓线应表达建筑的前后层次关系。

13.3.1　线型

建筑立面图线大致分为四个级别，外轮廓线、建筑立面中体块前后分界轮廓线、建筑立面构配件轮廓线、细部构造投影线（图 13-1）。

外轮廓：粗实线，b 宽。

体块分界轮廓线：中粗轮廓线，$0.7b$ 宽。

立面构配件轮廓线：中实线，$0.5b$ 宽。

立面构配件细部投影线：细实线，$0.25b$ 宽。

另外，地线一般为最粗线，粗实线，$2b$ 宽。

方案图是展示设计思路、设计愿景的图纸，除基本的技术指标要求外，应尽可能让图面展示方案的立面形态优势，辅以阴影、配景、材质等，以突出立面形态

---

① 参照《建筑工程设计文件编制深度规定》（2016 版）、《建筑制图标准》GB/T 50104—2010。

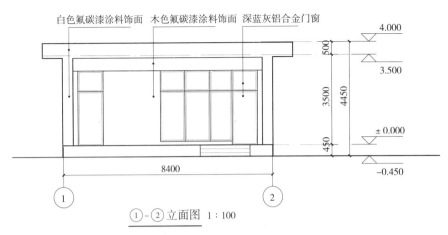

注: 方案设计及规划报建时标注规划高度; 消防报建时标明消防高度。

● 图 13-1

特征, 使方案设计的图面更生动 (图 13-2、图 13-3)。

注意:(1) 树木、人物等配景不可遮挡建筑立面。

(2) 后期初步设计及施工图无须辅加阴影等配景。

立面图具体图例的画法, 详见附录 4。

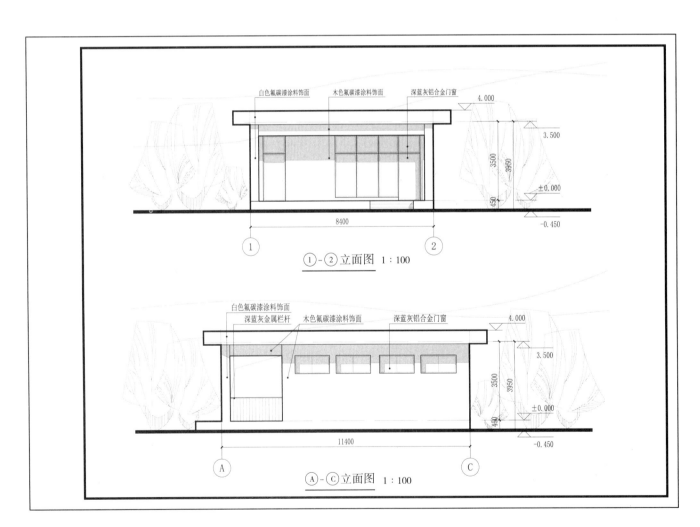

● 图 13-2

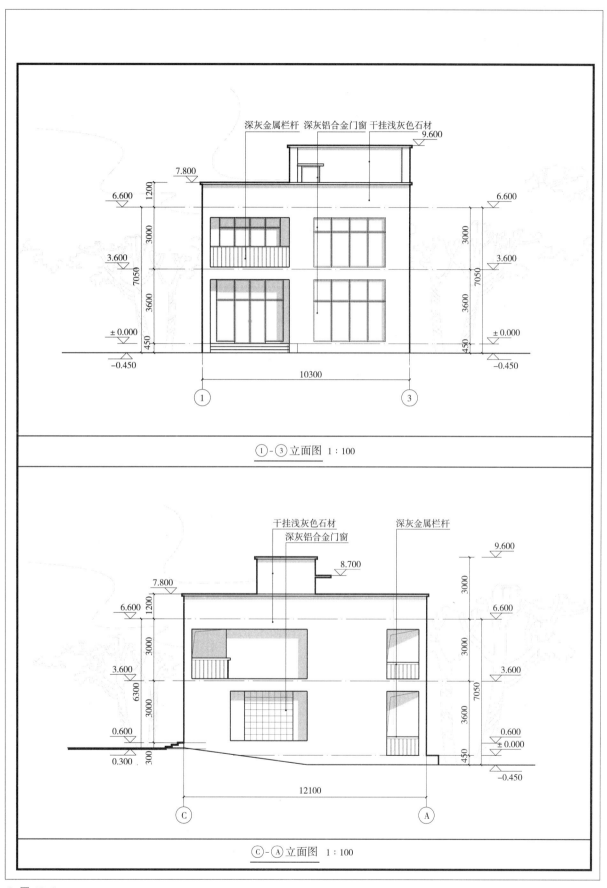

① - ③ 立面图 1：100

C - A 立面图 1：100

● 图 13-3

13.3.2 绘制步骤

第一步：根据图纸布局，确定立面图位置，定层线、定位轴号及尺寸。定出室内外地坪高差、层级差、局部凸出的控制高度（图13-4a）。

第二步：画出建筑物每部分体块的外轮廓线（图13-4b）。

第三步：绘制建筑物细部构造部分（图13-4c），标出墙面做法。

第四步：细化方案立面图，添加阴影、配景等（图13-4d）。

13.4 立面图制图规范要点及说明

根据《建筑制图标准》GB/T 50104—2010立面图的绘制有如下规定。

13.4.1 立面图原理

各种立面图应按正投影法绘制。

13.4.2 立面图名的选择

有定位轴线的建筑物，宜根据两端定位轴线号编立面图名称（图13-5）。

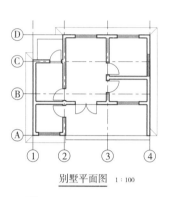
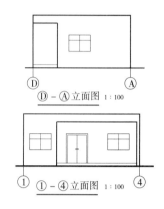

● 图13-5

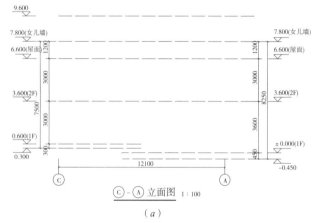

（a）

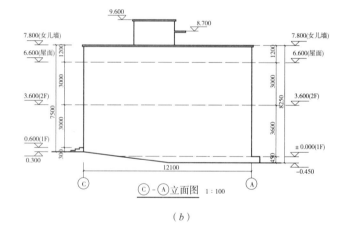

（b）

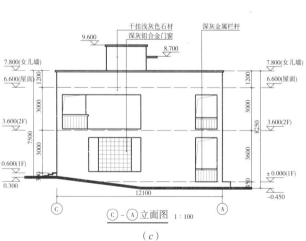

（c）

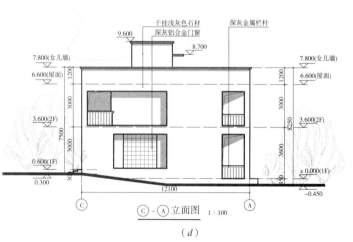

（d）

● 图13-4 立面图绘图步骤

无定位轴线的建筑物，可按平面图各面的朝向确定名称。

13.4.3 立面图纸基本内容

建筑立面图应包括投影方向可见的建筑外轮廓线和墙面现浇、构配件、墙面做法及必要的尺寸和标高。

工程在不同设计阶段，对立面图的要求深度不同。立面图方案图的深度要求详见本章"13.2 立面图内容及深度"。

13.4.4 立面图标高及尺寸

建筑物立面图及详图宜标注室内外地坪、楼地面、地下层地面、阳台、平台、檐口、屋脊、女儿墙、台阶、雨篷、门、窗等处的标高。其中楼地面、地下层地面、阳台、平台、檐口、屋脊、女儿墙、台阶等处应标注建筑完成面标高及高度方向的尺寸；其余部分应注写毛面尺寸及标高。

13.4.5 立面图纸排版

相邻的立面图、剖面图，宜绘制在同一水平线上，图内相互有关的尺寸及标高，宜标注在同一竖线上（图13-6）。

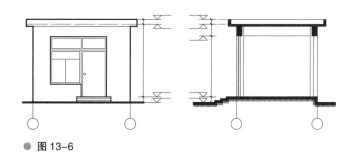

● 图13-6

13.4.6 形状复杂建筑的立面

平面形状曲折的建筑物，可绘制展开立面图、展开室内立面图。圆形或多边形平面的建筑物，可分段展开绘制立面图、室内立面图，但均应在图名后加注"展开"二字。

13.4.7 对称的建筑立面

较简单的对称式建筑物或对称的构配件等，在不影响构造处理和施工的情况下，立面图可绘制一半，并应在对称轴线处画对称符号。

13.4.8 立面相同部位的简化画法

在建筑物立面图上，相同的门窗、阳台、外檐装修、构造做法等可在局部重点标注，并应绘制出其完整图形，其余部分可只画轮廓线。

13.4.9 立面外墙材质的表达

在建筑物立面图上，外墙表面分割线应标注清楚。应用文字说明各部分所用面材及色彩。

13.4.10 室内立面图

名称：建筑物内室内立面图的名称，应根据平面图中内视符号的编号或字母确定。

内容：室内立面图应包括投影方向可见的室内轮廓和装修构造、门窗、构配件、墙面做法、固定家具、灯具、必要的尺寸和标高及需要表达的非固定家具、灯具、装饰物件等。室内立面图的顶棚轮廓线，可根据具体情况，只表达吊平顶及结构顶棚（图13-7）。

13.5 立面图常见知识点

13.5.1 局部视图

在工程设计中，需要局部表达某处投影图样时，可将该部分平行于投影面放置绘制其正投影图，该部分的视图称为向视图或局部视图。局部视图只表达物体某个局部的设计构造，绘制局部视图时，要用箭头在主视图中标出观看方向并用大写拉丁字母标注出（图13-8b），局部视图的名称与该拉丁字母相同，如图13-8c、图13-8d。

局部视图的边界线以波浪线或折断线标识，如图13-8c；若局部视图轮廓完整、封闭，可单独画出，如图13-8d。

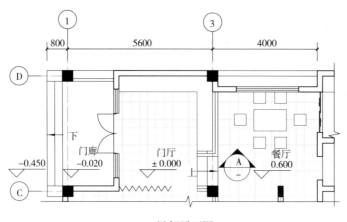

××局部平面图 1:100

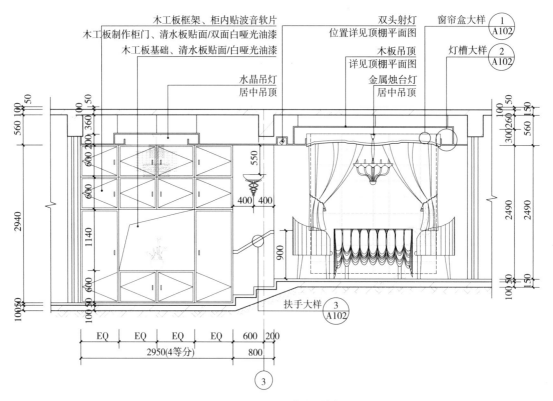

A向立面图 1:50

● 图13-7 室内立面图

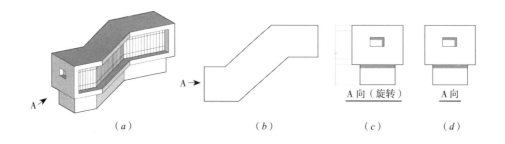

（a）　　　　　　（b）　　　　　　（c）　　　　　（d）

● 图13-8

13.5.2 展开视图

我们常用的投影是正投影，正投影的规律是与投影面平行的面投影是实形。但是，设计中经常会遇到折形建筑物，或者圆弧、平面结合的建筑物，由于部分立面不平行于基本投影面，在绘制立面视图时就常会出现该部分投影失真的情况，如图 13-9 所示，无论采用 A、B、C 哪个方向的视角，都会出现一些面的投影失真。

为了在一张图纸中画出某个方向视图的各面真实尺寸，我们可画出建筑物在某向视图的展开面投影，并用括号注以"展开"二字，如图中"南立面图（展开）"就是该建筑物在南向的展开视图。

同时，为方便图纸深化及施工定位，需要在立面中标出转折线的位置及角度；平面图中也应标出转折点的位置。若转折点为某轴，则需要标出轴号。

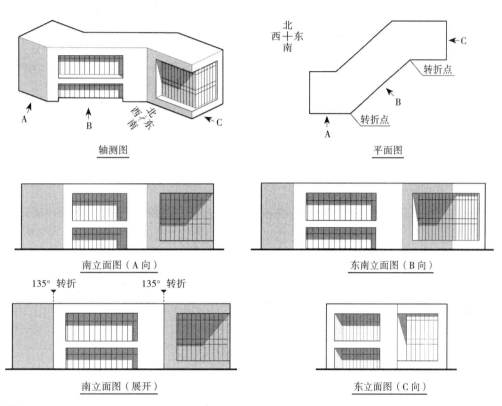

● 图 13-9　展开视图

第14章 建筑方案剖面图

我们常说的剖面图是指竖向纵剖后的正投影或侧投影图。剖面应按正投影法绘制。

14.1 剖面图的作用

用以表达建筑物内部的结构形式、分层情况、竖向高差及竖向交通连接关系。在建筑设计中,剖面图是平面图、立面图的重要补充,其能展示方案内部的空间特征,直观地反映建筑物竖向较为复杂部分之间的空间关系,方案分析图中也常用剖面图来示意内部视觉、交通组织等关系,如图14-1利用剖面图展现室内外景观空间的连贯性。

剖面图能解决特殊建筑的设计难点。一些对视线、声学、光线要求较高的建筑物,如展览馆、影剧院、歌剧院、音乐厅、礼堂、体育馆等,可以在剖面图的基础上,绘制视线、声学、光线的分析图,室内墙面装饰形式,台阶升起高度等计算,以增强空间设计的合理性。当与周边建筑联系时,两栋建筑的交通连接关系也可在剖面图中反映出来。

剖面图可以降低专业合作误差。剖面图可以反映建筑与其他各专业之间的综合关系,清晰地表达完成后的空间效果,从而更好地促进各专业之间的合作。

工程项目中,经常会遇到建筑物最终建成与方案图纸相去甚远,这其间很大一部分原因,是在深化设计过程中,各类剖面的绘制未能考虑与方案的契合、细化。方案设计的过程是创造性思维的过程,但要真正落地成真,需要大量的细部构造设计做到位。剖面图是设计的关键点,务必予以重视。

14.2 剖面图类型及剖切位置的选择

剖面图按照展示的部位不同,分为整体剖面图、局部剖面图、详图剖面图和大样剖面图等。

14.2.1 整体剖面图

整体剖面图是将设计的场地或建筑物整体剖切开,以反映内部空间构造形式、高差关系等。

整体剖切图的剖切部位根据图纸的用途或设计深度来定。

一方面,要反映基本的竖向关系。场地规划设计中,要反映整体的高程控制状况,例如在景观规划总平面设计中,用滨江两岸的横剖面来反映江岸两侧的滨江堤岸设计(图14-2)。建筑单体设计中,一般选择门厅入口处能剖切到室内外高差衔接之处,连接上下层的楼梯间等高差连接等部位。

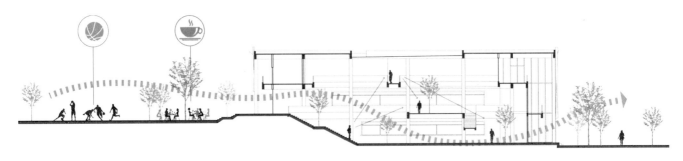

● 图14-1 剖面能反映建筑内外空间的连续性(黄静欣同学绘)

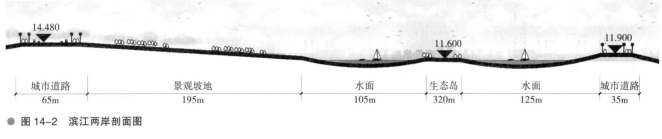

城市道路 65m　　景观坡地 195m　　水面 105m　　生态岛 320m　　水面 125m　　城市道路 35m

● 图 14-2　滨江两岸剖面图

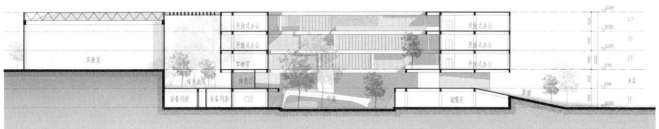

1-1 剖面图 1:200

● 图 14-3　某建筑剖面示意图

另一方面，要能反映构造特征以及有代表性的部位，尤其在高度和层数不同、空间关系比较复杂的部位直观反映建筑内部的空间关系，以及反映建筑内部空间设计中较为丰富、特色之处等（图 14-3）。

整体剖面图的数量与建筑物的形体复杂程度成正比，形体越复杂，需要的剖面越多。一栋建筑物的整体剖面图一般不少于 2 个，按横纵两个方向进行剖切以表达内部被遮挡的立面。

常用的比例有 1：200、1：150、1：100。

14.2.2　局部剖面图

对于建筑物局部较为复杂的部分，应作局部剖面图，忽略其他部位，重点局部表达空间关系最为复杂之处，以增加对复杂空间关系的理解。

常用的比例有 1：100、1：50。

局部剖面图和整体剖面图无须表达剖断面的具体材料。

14.2.3　详图剖面图

表达特殊设备的房间，如洗手间、浴室、实验室、厨房等，须用详图表达出设备的定位、形状，以及需要的预埋件、预留孔洞沟槽等的位置及大小。

表达有特殊需要的房间，须绘制装修详图，如吊顶平面、大理石贴面、隔音墙面等详图。

表达建筑特殊构造做法或更详细地表达剖切的局部位置，从细节处控制，以使得设计方案精准、顺利地实施，如墙身大样、楼梯间大样等。

常用的比例有 1：50、1：30。

14.2.4　大样剖面图

大样剖面图是设计图中最为细致的环节，表达局部位置具体做法、选材用料及安装等技术的细节，如变形缝大样、门窗大样、台阶大样、栏杆大样、屋面天窗大样等。

常用的比例有 1：10、1：5、1：2。

在详图和大样图中，需要标注剖断面材料的图例，详见附录 3 常用建筑材料图例。

14.3　剖面图的绘制

立面图具体图例的画法，详见附录 4。

14.3.1　线型安排

被剖切的主要建筑构造（含构配件）的轮廓线、

137

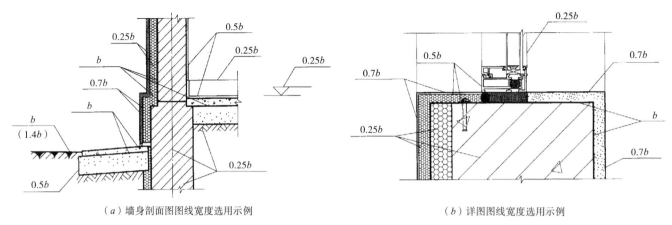

（*a*）墙身剖面图图线宽度选用示例　　　　　　　　　　（*b*）详图图线宽度选用示例

● 图 14-4　详图线宽安排（选自《建筑制图标准 GB/T 50104—2010》）

剖切符号：粗实线（线宽 *b*）。

被剖切的次要建筑构造（含构配件）的轮廓线、建筑构配件的轮廓线：中粗实线（线宽 0.7*b*）。

尺寸线、尺寸界线、索引符号、标高符号、详图材料做法引出线、粉刷线、保温层线、地面、墙面的高差分界线等：中实线（0.5*b*）。

图例填充线、家具线、纹样线等：细实线（0.25*b*）。

剖面详图中埋在被剖切构件内的孔洞、预留孔洞等被遮挡的线：中虚线（0.5*b*）。

另外，根据图面需要，图例填充线、家具线等可用细虚线（0.25*b*）表示。

在详图剖面图中，建筑构造详图中被剖切的主要部分的轮廓线为粗实线。关于详图的线宽安排，可参见图 14-4。

14.3.2　内容及深度要求 [①]

建筑剖面图内应包括剖切面和投影方向可见的建筑构造、构配件以及必要的尺寸、标高。

设计剖面时需注意控制以下几项重点内容：

（1）高度。控制建筑设计的总高度、标注室内外地坪、楼地面、地下层地面、阳台、平台、屋脊、檐口、女儿墙、雨篷、门、窗、台阶等处的标高。

（2）各类编号及索引。轴线及编号、节点构造详图索引等。

14.4　绘制步骤

第一步：确定竖向控制高度关系。确定建筑物总高度、室内外高差、层高等。

第二步：确定水平方向剖面的轮廓及相应梁柱关系。

第三步：确定竖向墙体门窗和剖切到的构件。

第四步：分层绘制看线（方案阶段可辅以配景，效果更佳）（图 14-5）。

14.5　剖面图制图规范要点

（1）剖面图中不同的位置，有不同的控制标高：楼地面、地下层地面、阳台、平台、檐口、屋脊、女儿墙、台阶等处应标注建筑完成面标高及高度方向的尺寸。因此，剖面图在绘制时，应表达出饰面线；其余部分应注写毛面尺寸及标高。

（2）平屋面等不易标明建筑标高的部位可标注结构标高，并应进行说明。结构找坡的平屋面，屋面标高可标注在结构板面最低点，并注明找坡坡度。

（3）有起重机的厂房剖面图应标注轨顶标高、屋架下弦杆件下边缘或屋面梁底、板底标高。

（4）相邻的剖面图、立面图，宜绘制在同一水平线上，图内相互有关的尺寸及标高，宜标注在同一竖线上。

[①]　参照《建筑工程设计文件编制深度规定》（2016 版）、《建筑制图标准》GB/T 50104—2010。

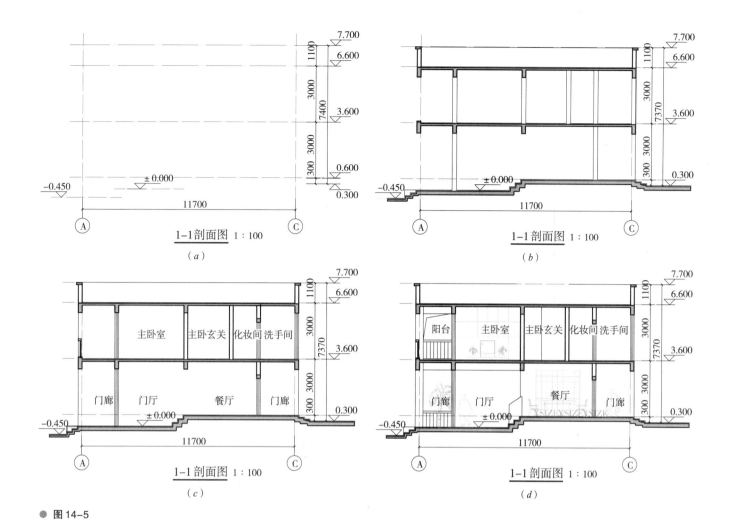

● 图 14-5

14.6 不同比例下的剖面图

不同比例显示的图纸深度不同，一般情况下，比例不大于 1 ∶ 100 的剖面图，只需要涂黑、加粗、细线三个层次表达剖切及看线，比例在 1 ∶ 50 及以上的剖面图及详图中，需要用图例表达具体材料，常见的建筑材料图例详见附录 4 建筑构造及配件图例。

第15章 楼梯详图

15.1 楼梯详图作用及目的

楼梯是建筑物内尺寸较多、构件较为复杂的部分之一，一般图纸比例在 1 ：100~1 ：200 时，由于图纸空间有限，很难细化楼梯的布置尺寸，给深化设计及施工带来一定难度。因此，楼梯需要附加详图，以确定细部尺寸，给后续各专业对接及施工带来便利。

15.2 楼梯的概念及分类

15.2.1 概念区分

楼梯：建筑物中作为联系上下楼层的垂直交通构件，应满足人们正常的垂直交通和紧急时的疏散要求。在建筑设计中，楼梯是联系高差必不可少的安全交通构件，不可用电梯、自动扶梯等取代。楼梯包括梯段、休息平台、梯井、栏杆或栏板组成（图 15-1）。

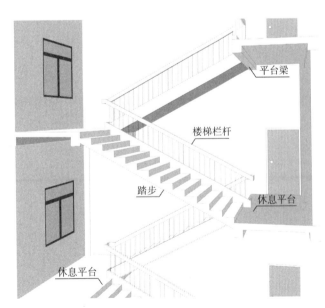

● 图 15-1　楼梯示意

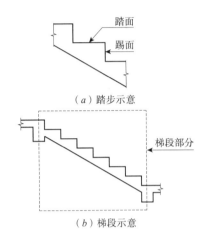

● 图 15-2

踏步：楼梯或台阶中的每一级，又称步级。踏步包括踏面和踢面（图 15-2a）。

梯段：由 2 个或 2 个以上连续踏步组成的垂直交通通道（图 15-2b），也称为"一跑"。

15.2.2 楼梯的类型

楼梯按照平面形式可分为单跑直梯，双跑 [①] 楼梯（双跑直梯、双跑平行梯、转角双跑梯、双分式楼梯、双合式楼梯等），三跑梯（折形三跑梯、三角形三跑梯等），折形多跑梯，转角梯，交叉式楼梯，剪刀梯，旋转楼梯、弧形楼梯等（图 15-3）。

按照材料类别，楼梯分为钢筋混凝土楼梯（分为整体现浇楼梯和装配式两种）、金属楼梯、木楼梯、组合材料楼梯等。

按照功能，楼梯分为开敞楼梯间、封闭楼梯间、防烟楼梯间等。

按照使用性质，楼梯分为主要楼梯、辅助楼梯、疏散楼梯、消防楼梯等。

按照所在位置，楼梯分为室内楼梯、室外楼梯。

---

① 楼梯跑数：两个休息平台之间为一跑。

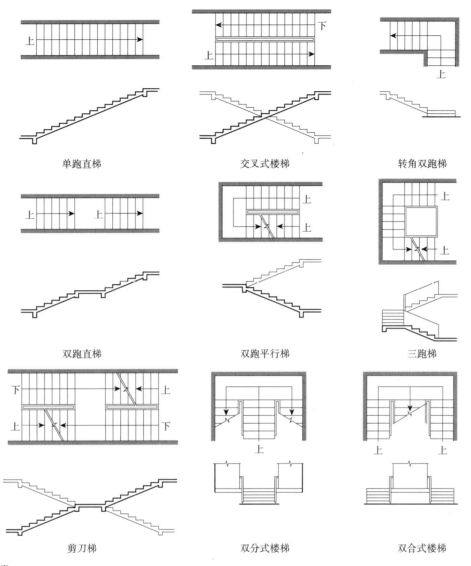

单跑直梯　　　　　　　　交叉式楼梯　　　　　　　转角双跑梯

双跑直梯　　　　　　　　双跑平行梯　　　　　　　三跑梯

剪刀梯　　　　　　　　　双分式楼梯　　　　　　　双合式楼梯

● 图 15-3　楼梯种类

15.3　楼梯相关规范 [①]

15.3.1　关于净宽

当一侧有扶手时，梯段净宽应为墙体装饰面至扶手中心线的水平距离，当双侧有扶手时，梯段净宽应为两侧扶手中心线之间的水平距离。当有凸出物时，梯段净宽应从凸出物表面算起。

15.3.2　梯段宽度

梯段净宽除应符合现行国家标准《建筑设计防

火规范》GB 50016 及国家现行相关专用建筑设计标准的规定外，供日常主要交通用的楼梯的梯段净宽应根据建筑物使用特征，按每股人流宽度为 0.55m+（0~0.15）m 的人流股数确定，并不应少于两股人流。0~0.15m 为人流在行进中人体的摆幅，公共建筑人流众多的场所应取上限值。

15.3.3　休息平台

当梯段改变方向时，扶手转向端处的平台最小宽度不应小于梯段净宽，并不得小于 1.2m。当有搬运大型物件需要时，应适量加宽。直跑楼梯的中间平台宽度不应小于 0.9m。

---

① 参考《民用建筑设计统一标准》GB 50352—2019。

15.3.4 梯段踏步数量

每个梯段的踏步级数不应少于 3 级，且不应超过 18 级。

15.3.5 楼梯净空高度

楼梯平台上部及下部过道处的净高不应小于 2.0m，梯段净高不应小于 2.2m（图 15-4）。

梯段净高为自踏步前缘线（包括每个梯段最低和最高一级踏步前缘线以外 0.3m 范围内）量至上方凸出物下缘间的垂直高度。

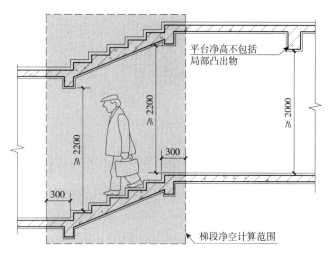

● 图 15-4 楼梯净空高度示意

15.3.6 楼梯扶手

楼梯应至少于一侧设扶手，梯段净宽达三股人流时应两侧设扶手，达四股人流时宜加设中间扶手。

室内楼梯扶手高度自踏步前缘线量起不宜小于 0.9m。楼梯水平栏杆或栏板长度大于 0.5m 时，其高度不应小于 1.05m。

15.3.7 梯井

托儿所、幼儿园、中小学校及其他少年儿童专用活动场所，当楼梯井净宽大于 0.2m 时，必须采取防止少年儿童坠落的措施。

15.3.8 踏步

踏步宽度及高度应符合表 15-1 的规定，同时应采

取防滑措施。梯段内每个踏步高度、宽度应一致，相邻梯段的踏步高度、宽度宜一致。当同一建筑地上、地下为不同使用功能时，楼梯踏步高度和宽度可分别按表 15-1 的规定执行；当专用建筑设计标准对楼梯有明确规定时，应按国家现行专用建筑设计标准的规定执行。

梯踏步最小宽度和最大高度（m）《民用建筑设计统一标准 GB 50352—2029》　表 15-1

楼梯类别		最小宽度	最大高度
住宅楼梯	住宅共用楼梯	0.260	0.175
	住宅套内楼梯	0.220	0.200
宿舍楼梯	小学宿舍楼梯	0.260	0.150
	其他宿舍楼梯	0.270	0.165
老年人建筑楼梯	住宅建筑楼梯	0.300	0.150
	公共建筑楼梯	0.320	0.130
托儿所、幼儿园楼梯		0.260	0.130
小学校楼梯		0.260	0.150
人员密集且竖向交通繁忙的建筑和大、中学校楼梯		0.280	0.165
其他建筑楼梯		0.260	0.175
超高层建筑核心筒内楼梯		0.250	0.180
检修及内部服务楼梯		0.220	0.200

注：螺旋楼梯和扇形踏步离内侧扶手中心 0.250m 处的踏步宽度不应小于 0.220m。

15.4 楼梯的设计

15.4.1 楼梯的计算

建筑物内楼梯的数量、位置、宽度、净空和楼梯间形式等应满足使用方便、相关规范及安全疏散的要求。设计建筑物时，应结合功能及内部使用空间来确定楼梯形式及尺寸，以常用双跑平行梯为例，介绍楼梯设计的相关计算方法。

如图 15-5，假设已知楼梯开间为 A，进深为 B，层高为 H。设计步骤如下：

第一步：初拟踏步尺寸，确定各梯段踏步数。

根据建筑物性质，根据表 15-1，在规范允许范围内，拟定踏步为宽 b_0，高 h_0，则踏步总数为 $N = \dfrac{\text{层高}}{\text{踏步高度}} = \dfrac{H}{h_0}$。

可根据设计需要确定每跑踏步数 n_1 和 n_2，如无特殊需要，一般两跑踏步数等量，以便施工，即 $n_1=n_2$。此时两梯段竖向高度分别为：$h_0 \times n_1$、$h_0 \times n_2$。

第二步：确定梯段宽度。

若楼梯间宽度尺寸较为宽松，可设梯井，宽度设为 C。梯井宽度一般为 50~200mm。为使楼梯各段通行力保持一致，双跑楼梯各梯段宽度应一致，均为 $a=\dfrac{A-C}{2}$。梯段宽度 a 值应满足相关规范要求。

第三步：确定梯段水平长度及休息平台进深。

根据图 15-5，每段梯段的水平投影长度为踏步宽度（b_0）与其投影面个数之积，分别为：$b_0 \times (n_1-1)$、$b_0 \times (n_2-1)$。

根据梯段长度和已知楼梯的深度 B，计算梯段两端休息平台转向宽度 b_1、$b_1{}'$、b_2、$b_2{}'$。一般为简化结构形式，双跑平行梯的梯段尽量保持端部对齐，即 $b_1=b_2$ 或 $b_1{}'=b_2{}'$。平台转向最小宽度 b（b_1、$b_1{}'$、b_2、$b_2{}'$ 中最小值）不应小于梯段宽度 a。

当计算后出现 b_1、$b_1{}'$、b_2、$b_2{}'$，数值中不符合相关规范时，应及时调整 b_0 和 h_0 数值。

第四步：检查梯段中特殊部位是否符合规范。

当遇到较为复杂的错层或夹层情况、楼梯首层设进出口、楼梯顶层休息平台上方设房间或平台等情况时，应确保楼梯间净空符合规范要求。

15.4.2 楼梯首层出入口的设计

当底层休息平台下方做出入口通道时，为使得平台下方净高满足规范要求，可采用如下方法（图 15-6）：

（1）长短跑法：首层双跑平行梯采用长短跑形式，增加第一跑踏步数量，以抬高休息平台。

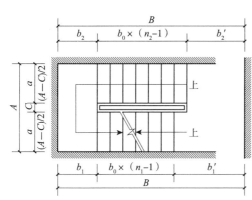

● 图 15-5 楼梯的设计

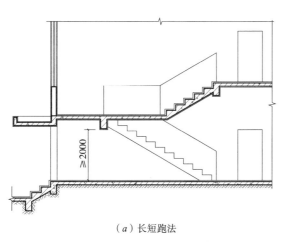

（a）长短跑法 　　　　　　　　（b）移入室外地坪法

● 图 15-6

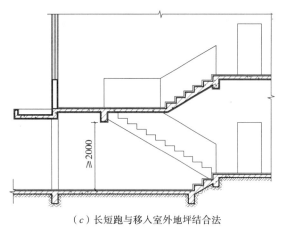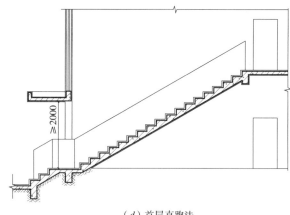

（c）长短跑与移入室外地坪结合法　　　　　　　　（d）首层直跑法

● 图 15-6（续）

（2）移入室外地坪法：将室内外高差的梯段移入室内。

（3）长短跑与移入室外地坪相结合。

（4）底层采用直跑楼梯。

15.5　楼梯详图的内容

楼梯详图的绘制包括三个部分：楼梯梯段及踏步、楼梯平台、栏杆或栏板。图纸类型包括楼梯平面图、剖面图、踏步及栏杆大样图，且应满足相关规范要求及使用需求。

15.5.1　楼梯平面图

楼梯的平面图是在每层距离地面 1m 之上的位置水平剖切向下俯视的正投影图。因此，平面图中的折断线是在第一跑的位置，在平面图中除标明第

一跑 1m 以下的踏步外，还要标明剖切面以下能投影到的平面（图 15-7）。

楼梯在绘制时应包含如下信息（图 15-8）：

定位轴号。要绘出轴线编号以明确楼梯间的位置，至少两道尺寸线表达楼梯的总宽度以及轴线内的分段，若有必要可增加尺寸线。若同一栋楼多个楼梯间尺寸、轴线相对位置均一致，可使用一轴多号的方法，统一绘制；若两个楼梯间镜像一致，则轴号可以镜像标注。

水平尺寸。须注明楼梯间的长宽尺寸、平台的长宽尺寸、梯段长度及踏步的宽度和个数、梯井的宽度、栏杆及踏步的相关索引等。

竖向标高。楼梯各休息平台的标高。

楼梯的平面图中，首层与顶层及其他特殊的中间层需单独绘制，其余相同的中间层可统一绘制标准层，同时注明相应标高。楼梯平面的图纸比例应为 1∶50。

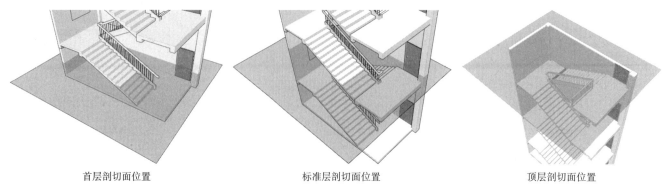

首层剖切面位置　　　　　　标准层剖切面位置　　　　　　顶层剖切面位置

● 图 15-7　楼梯平面图剖视位置示意图

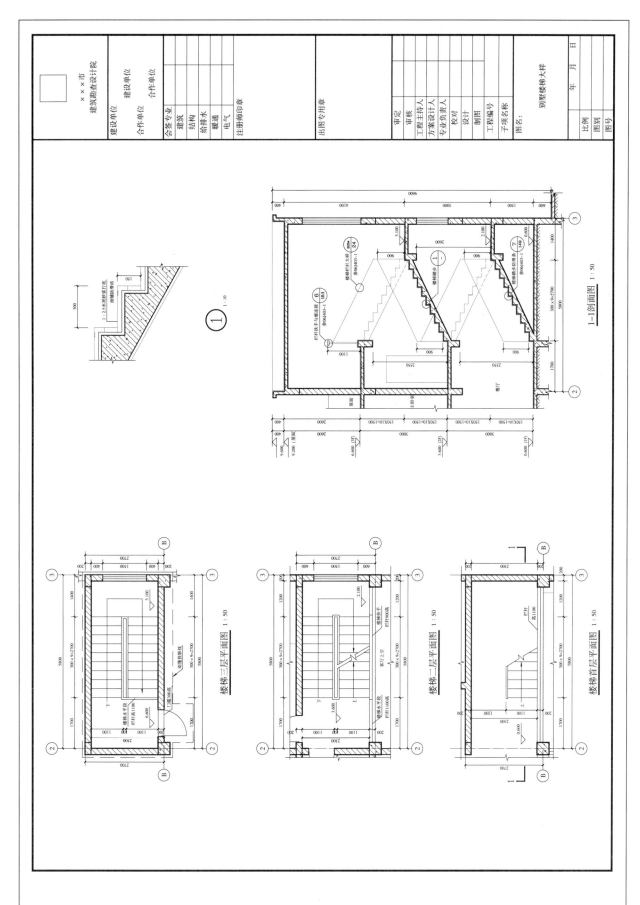

图 15-8　楼梯详图

145

15.5.2　楼梯剖面图

楼梯剖面图主要用来明晰竖向尺寸、净空满足规范要求，同时以剖切方式展现梯段、平台及栏杆等的尺寸及相互关系。如有需要，同一楼梯可绘制多个剖面图，图纸比例为 1 ： 50。楼梯剖面图的具体绘制内容如下：

竖向高度。须标明楼梯总高度、各层高度及标高、平台各层高度及标高；同时，应标明梯段及平台净空高度，以满足规范需求；以及标明栏杆高度、栏杆位置及定位尺寸、栏杆与楼板和侧墙的连接关系相关索引、楼梯饰面材料相关索引、特殊构件的定位及尺寸等。

水平尺寸。定位轴线及编号，至少两道尺寸线表达楼梯总深度及分段尺寸，包括平台转向宽度、梯段总长度、踏步宽度及个数等。

15.5.3　相关大样图及详图

楼梯详图须绘制典型节点大样图及详图，如栏杆大样图（包括栏杆立面大样、栏杆剖面大样、栏杆与主体的连接大样、栏杆起始端及转折处大样、扶手做法及尺寸等），楼梯踏步大样图（包括楼梯踢面和踏面的材质、饰面材料做法、样式、控制尺寸等），当楼梯有防攀爬及防滑要求等时，应绘制防滑大样图、防攀爬大样图等。如楼梯无特殊设计要求，相关大样图也可索引标准图集，但无论索引与否，均须表达节点的控制尺寸，为装修设计及后期施工提供指导性依据。

常见的相关大样图及详图的比例为 1 ： 30、1 ： 25、1 ： 20、1 ： 15、1 ： 10、1 ： 5、1 ： 2、1 ： 1。

15.6　楼梯大样的线型

楼梯大样的线型同平面图、剖面图线型安排一致，详见本书第 12 章的"12.2.1 线型安排"、第 14 章的"14.3.1 线型安排"。

15.7　楼梯的绘制步骤

如图 15-9 所示，楼梯绘制可按照如下步骤进行：

第一步：定层高关系。确定总高度、各楼层间距及各层标高、各层休息平台间距及标高、女儿墙的高度等。

第二步：定剖面轮廓及门窗洞口。确定楼梯间墙体、门窗洞口、屋面等的位置及厚度。由于门窗洞口的尺寸及位置在平面及立面深化图中有相应标注，因此楼梯大样中无须再次标注，避免数据多次重复，给修改带来不便。

第三步：楼梯梯段绘制。根据平面平台转向宽度及梯段长度、踏步数，结合剖面结构构造形式，绘制被剖切的梯段、未被剖切但看到的梯段、扶手、平台梁等。

第四步：绘制看线及抹灰线、详细尺寸、索引。一般情况下，楼梯面饰面线距离楼板结构面为 50mm，墙面及顶棚抹灰线距离结构面为 20mm。

当剖面图比例过小而图面无法清晰表达时可省略抹灰线，但此时若有净空需求的标注需加注"净空"二字，例如规范要求梯段净高不宜小于 2.20m，剖面图若未能表达墙地面饰面线则应标注为"≥ 2.20（净高）"。

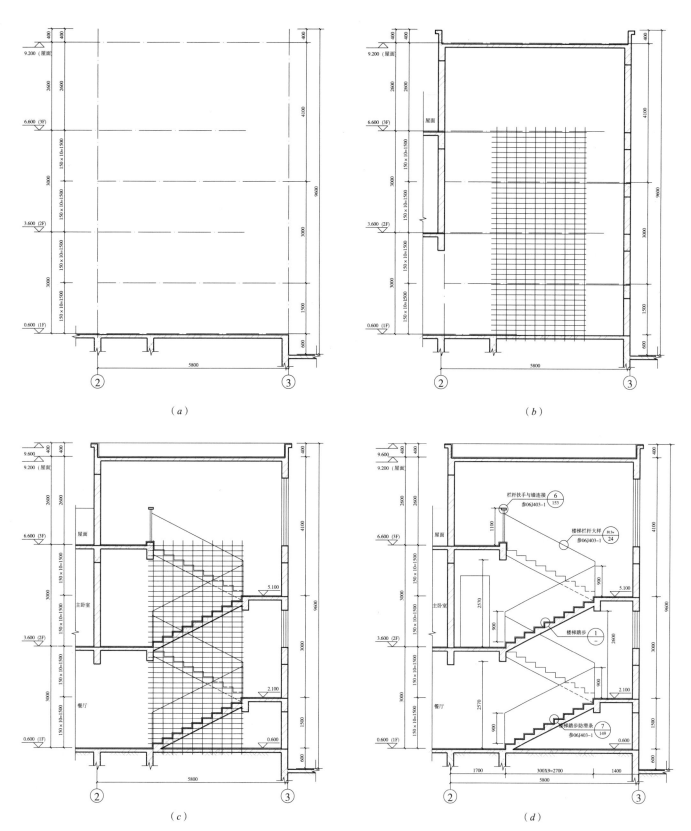

● 图 15-9　楼梯绘制步骤

附　录

附录 1　关于建筑制图的假设依据

建筑制图采用"投影"的概念，是根据法国学者（Monge，1746–1818）提出的影像画法，即用三个相互垂直的投影面，将空间划分为八个角，将物体置于其中一角，对投影面用正投影法或中心投影法作投影图。现在世界各国对于建筑制图的假设依据在用角和假设上不同，如英国在 1964 年"英国标准（工业制）BS 308"，推荐为第一、三角通用，1969 年修订为第一角；俄罗斯、德国等采用第一角投影，而美国、日本、法国等采用第三角投影。

我国国家标准《技术制图投影法》GB/T 14692—2008 中在基本视图的表示法中，允许使用第一角投影及第三角投影（附图 1–1）。

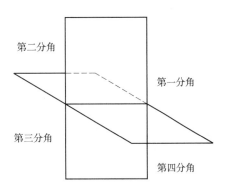

● 附图 1–1

采用第三角画法是将物体置于第三分角内，即处于观察者与物体之间进行投射，然后按规定展开投影面（附图 1–2）。

本书采用第三角投影，同时采用基本视图配置，如附图 1–3 所示的视图配置，进行三视图的理论讲解。

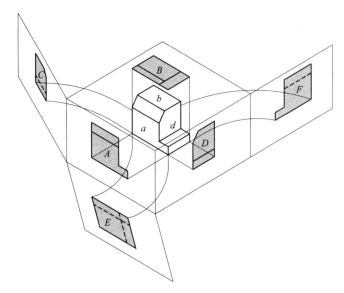

● 附图 1–2

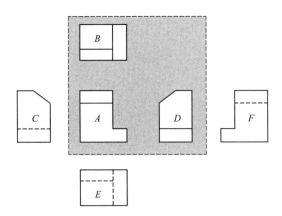

● 附图 1–3

148

附录 2　建筑制图图线规范

名称		线型	线宽	基本用途	总图中具体用途	建筑图中具体用途
实线	粗	——	b	主要可见轮廓线	1. 新建建筑物 ±0.00 高度可见轮廓线； 2. 新建铁路、管线	1. 平、剖面图中被剖切的主要建筑构造（包括构配件）的轮廓线； 2. 建筑立面图或室内立面图的外轮廓线； 3. 建筑构造详图中被剖切的主要部分的轮廓线； 4. 建筑构配件详图中的外轮廓线； 5. 平、立、剖面图的剖切符号
	中粗	——	$0.7b$	可见轮廓线、变更云线	1. 新建构筑物、道路、桥涵、边坡、围墙、运输设施的可见轮廓线； 2. 原有标准轨距铁路	1. 平、剖面图中被剖切的次要建筑构造（包括构配件）的轮廓线； 2. 建筑平、立、剖面图中建筑构配件的轮廓线； 3. 建筑构造详图及建筑构配件详图中的一般轮廓线
	中	——	$0.5b$	可见轮廓线、尺寸线	1. 新建建筑物、构筑物、原有窄轨、铁路、道路、桥涵、围墙、原有标准轨距铁路、管线的可见轮廓线； 2. 原有建筑物、构筑物、原有窄轨、铁路、道路、桥涵、围墙的可见轮廓线； 3. 新建人行道、排水沟、坐标线、尺寸线、等高线	小于 $0.7b$ 的图形线、尺寸线、尺寸界线、索引符号、标高符号、详图材料做法引出线、粉刷线、保温层线、地面、墙面的高差分界线等
	细	——	$0.25b$	图例填充线、家具线	图例线、构筑物地形物轮廓线	图例填充线、家具线、纹样线等
虚线	粗	- - - -	b	见各有关专业制图标准	新建建筑物、构筑物地下轮廓线	—
	中粗	- - - -	$0.7b$	不可见轮廓线	计划预留扩建的建筑物、构筑物、管线、运输设施、铁路、道路、地各线	1. 建筑构造详图及建筑构配件不可见的轮廓线； 2. 平面图中的起重机（吊车）轮廓线； 3. 拟建、扩建建筑物轮廓线
	中	- - - -	$0.5b$	不可见轮廓线、图例线	原有建筑物、构筑物、管线、建筑红线及预留用地各线	投影线、小于 $0.5b$ 的不可见轮廓线
	细	- - - -	$0.25b$	图例填充线、家具线	原有建筑物、构筑物、管线的地下轮廓线	图例填充线、家具线等
单点长画线	粗	—·—·—	b	见各有关专业制图标准	露天矿开采界限	起重机（吊车）轨道线
	中	—·—·—	$0.5b$	见各有关专业制图标准	土方填挖区的零点线	—
	细	—·—·—	$0.25b$	中心线、对称线、轴线等	分水线、中心线、对称线、定位轴线	中心线、对称线、定位轴线

续表

名称		线型	线宽	基本用途	总图中具体用途	建筑图中具体用途
双点长画线	粗	‒ ‥ ‒ ‥	b	见各有关专业制图标准	用地红线	—
	中粗	‒ · ‒ ·	$0.7b$	—	地下开采区塌落界限	—
	中	 ‒ · ‒ ·	$0.5b$	见各有关专业制图标准	建筑红线	—
	细	 ‒ · ‒ ·	$0.25b$	假想轮廓线、成型前原始轮廓线	—	—
折断线	细	 ─⋀─	$0.25b$	断开界限	断线（中 $0.5b$）	表示部分省略的断开界线
不规则曲线	中	 ∿	$0.5b$	—	新建人工水体轮廓线	—
波浪线	细	 ∿∿	$0.25b$	断开界限	—	1. 表示部分省略的断开界线，曲线形构件断开界线； 2. 构造层次的断开界线

附录3 常用建筑材料图例

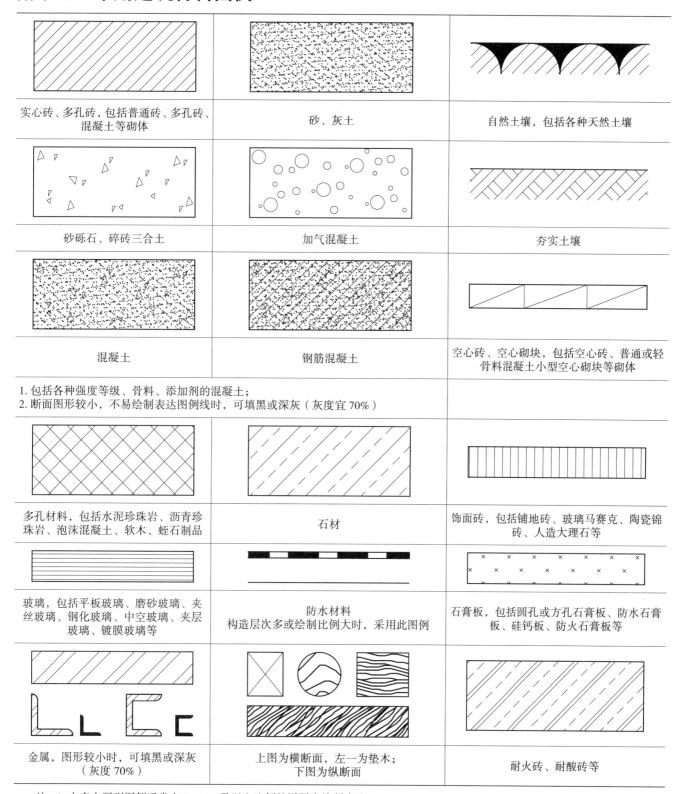

实心砖、多孔砖,包括普通砖、多孔砖、混凝土等砌体	砂、灰土	自然土壤,包括各种天然土壤
砂砾石、碎砖三合土	加气混凝土	夯实土壤
混凝土	钢筋混凝土	空心砖、空心砌块,包括空心砖、普通或轻骨料混凝土小型空心砌块等砌体

1. 包括各种强度等级、骨料、添加剂的混凝土;
2. 断面图形较小,不易绘制表达图例线时,可填黑或深灰(灰度宜70%)

多孔材料,包括水泥珍珠岩、沥青珍珠岩、泡沫混凝土、软木、蛭石制品	石材	饰面砖,包括铺地砖、玻璃马赛克、陶瓷锦砖、人造大理石等
玻璃,包括平板玻璃、磨砂玻璃、夹丝玻璃、钢化玻璃、中空玻璃、夹层玻璃、镀膜玻璃等	防水材料 构造层次多或绘制比例大时,采用此图例	石膏板,包括圆孔或方孔石膏板、防水石膏板、硅钙板、防火石膏板等
金属,图形较小时,可填黑或深灰(灰度70%)	上图为横断面,左一为垫木; 下图为纵断面	耐火砖、耐酸砖等

注:1. 本表中所列图例通常在1:50及以上比例的详图中绘制表达。
    2. 如表达砖、砌块等砌体墙的承重情况时,可通过在原有建筑材料图例上增加灰度等方式进行区分,灰度宜设为25%左右。
    3. 图例中斜线、短斜线、交叉线等均为45°。

附录4　建筑构造及配件图例

序号	名称	图例	备注
1	墙体	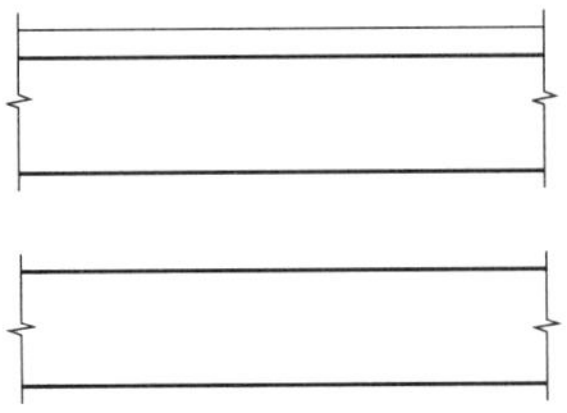	1. 上图为外墙，下图为内墙。 2. 外墙细线表示有保温层或有幕墙。 3. 应加注文字或涂色或图案填充表示各种材料的墙体。 4. 在各层平面图中防火墙宜着重以特殊图案填充表示
2	隔断	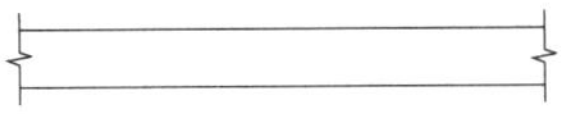	1. 加注文字或涂色或图案填充表示各种材料的轻质隔断。 2. 适用于到顶与不到顶隔断
3	玻璃幕墙	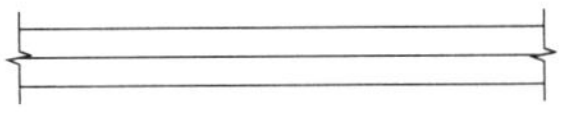	幕墙龙骨是否表示由项目设计决定
4	栏杆	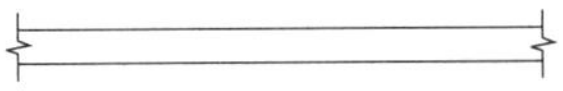	—
5	楼梯	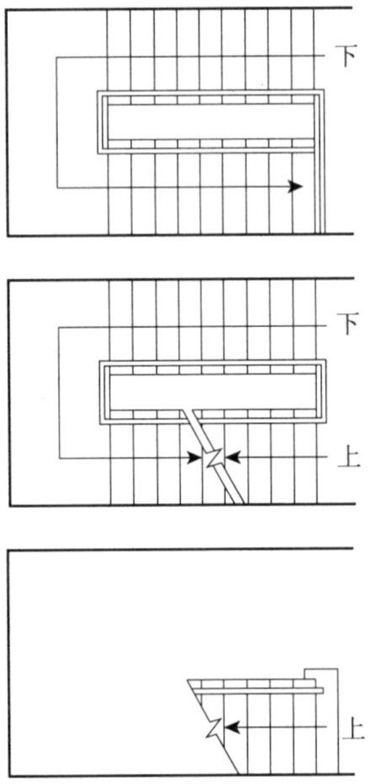	1. 上图为顶层楼梯平面图，中图为中间层楼梯平面图，下图为底层楼梯平面图。 2. 需设置靠墙扶手或中间扶手时，应在图中表示
6	坡道		长坡道 上图为两侧垂直的门口坡道，中图为有挡墙的门口坡道，下图为两侧找坡的门口坡道

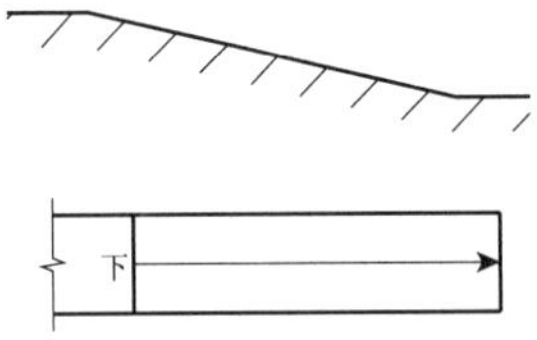

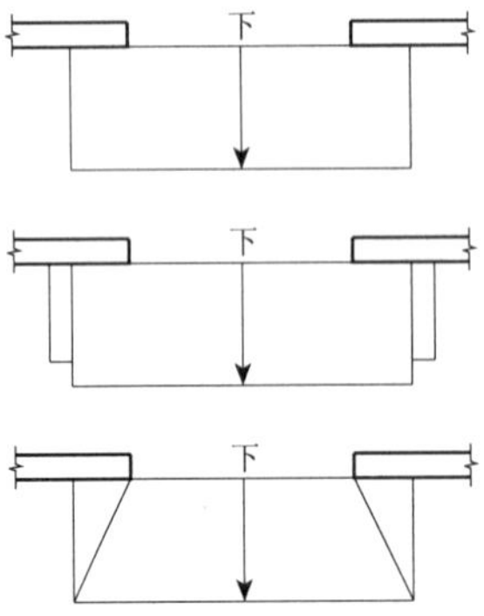

序号	名称	图例	备注
7	台阶	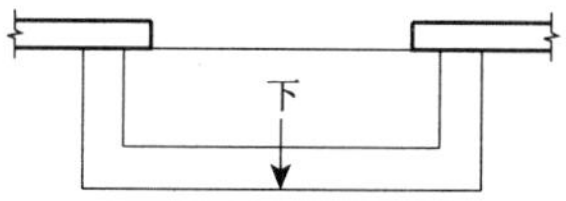	—
8	平面高差	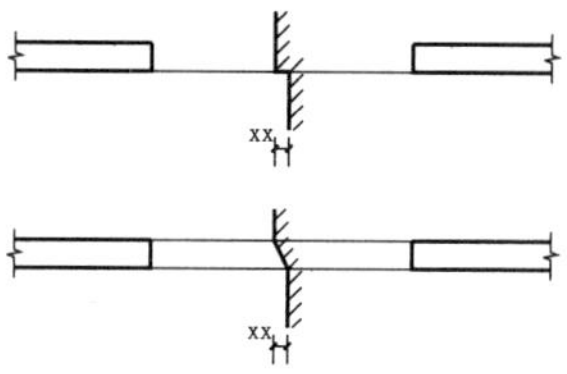	用于高差小的地面或楼面交接处，并应与门的开启方向协调
9	孔洞		阴影部分亦可填充灰度或涂色代替
10	坑槽		—
11	墙预留洞、槽	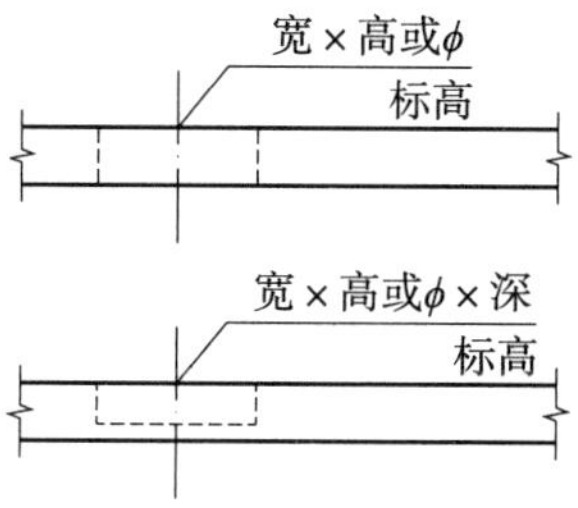	1. 上图为预留洞，下图为预留槽。 2. 平面以洞（槽）中心定位。 3. 标高以洞（槽）底或中心定位。 4. 宜以涂色区别墙体和预留洞（槽）
12	地沟	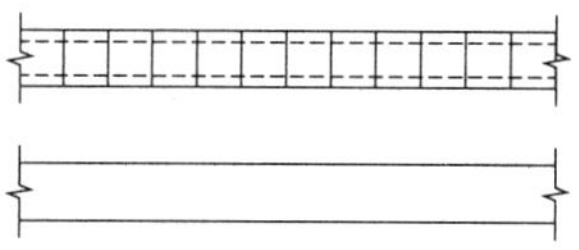	上图为有盖板地沟，下图为无盖板明沟
13	烟道	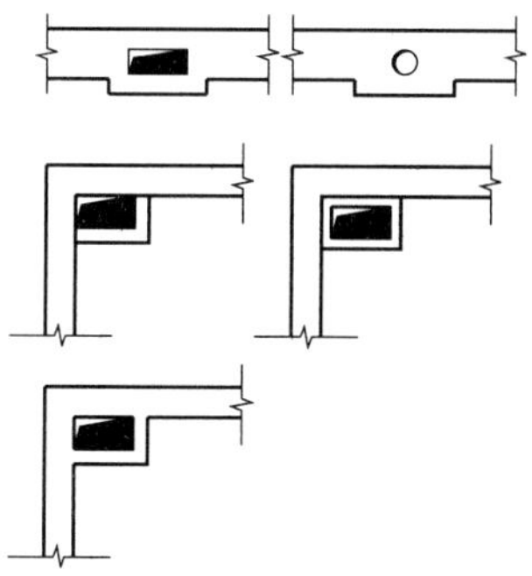	1. 阴影部分亦可填充灰度或涂色代替。 2. 烟道、风道与墙体为相同材料，其相接处墙身线应连通。 3. 烟道、风道根据需要增加不同材料的内衬
14	风道	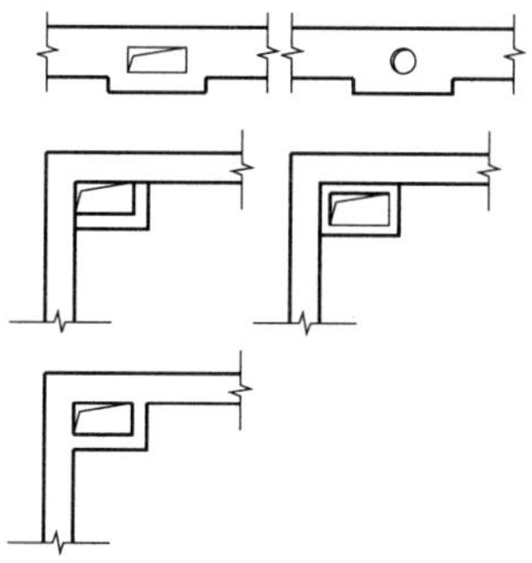	

续表

序号	名称	图例	备注
15	新建的墙和窗	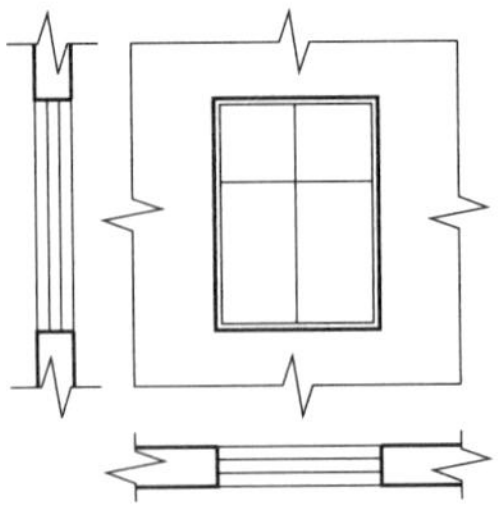	—
16	改建时保留的墙和窗	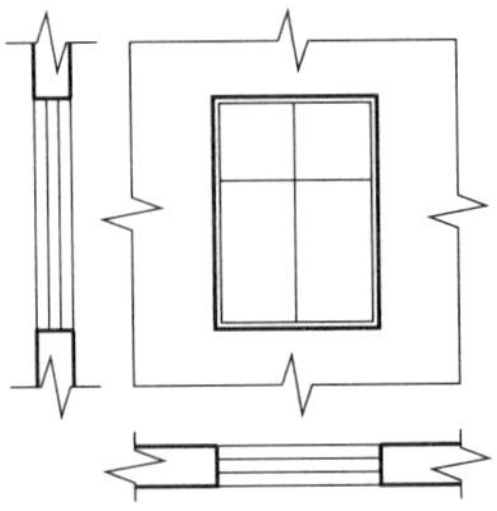	只更换窗，应加粗窗的轮廓线
17	空门洞	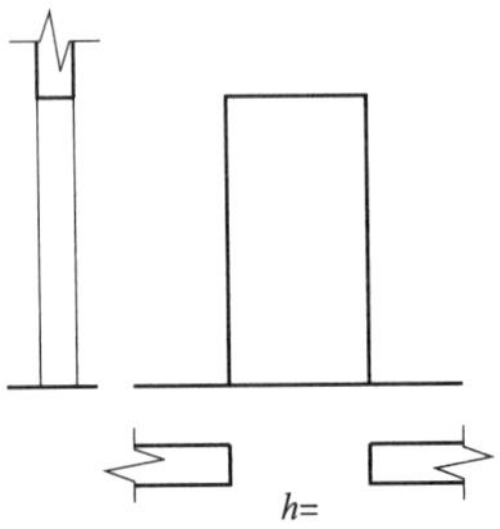 $h=$	h 为门洞高度
18	单面开启单扇门（包括平开或单面弹簧）	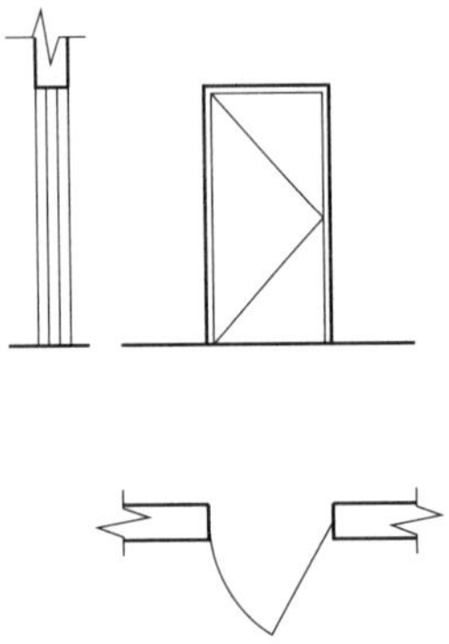	1.门的名称代号用 M 表示。 2.平面图中，下为外，上为内，门开启线为90°、60°或45°，开启弧线宜绘出。 3.立面图中，开启线实线为外开，虚线为内开。开启线交角的一侧为安装合页一侧。开启线在建筑立面图中可不表示，在立面大样图中可根据需要绘出。 4.剖面图中，左为外，右为内。 5.附加纱扇应以文字说明，在平面图、立面图、剖面图中均不表示。 6.立面形式应按实际情况绘制
	双面开启单扇门（包括双面平开或双面弹簧）	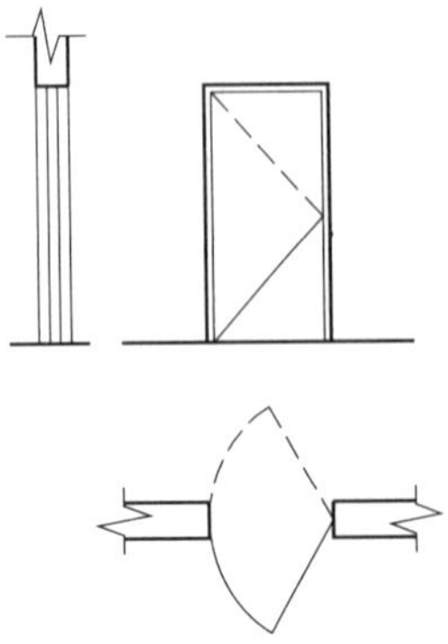	

续表

续表

序号	名称	图例	备注
18	双层单扇平开门	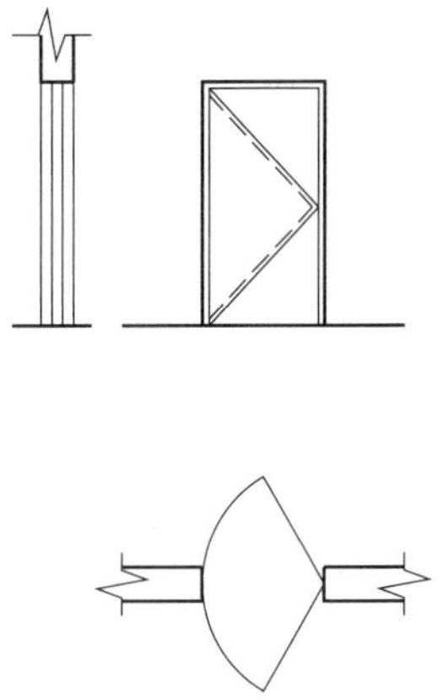	1.门的名称代号用 M 表示。 2.平面图中，下为外，上为内，门开启线为 90°、60° 或 45°，开启弧线宜绘出。 3.立面图中，开启线实线为外开，虚线为内开。开启线交角的一侧为安装合页一侧。开启线在建筑立面图中可不表示，在立面大样图中可根据需要绘出。 4.剖面图中，左为外，右为内。 5.附加纱扇应以文字说明，在平面图、立面图、剖面图中均不表示。 6.立面形式应按实际情况绘制
19	单面开启双扇门（包括平开或单面弹簧）	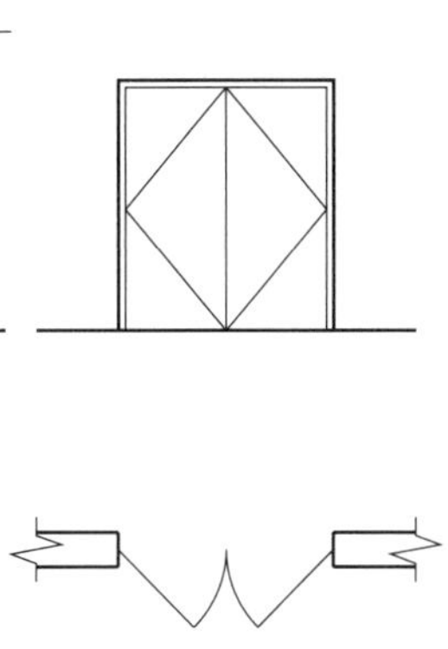	
	双面开启双扇门（包括双面平开或双面弹簧）	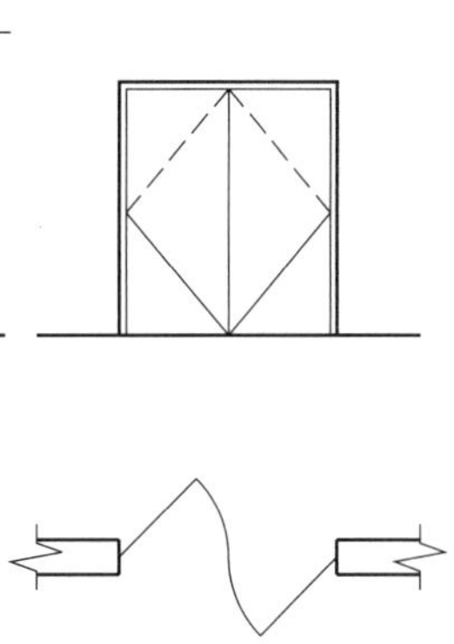	1.门的名称代号用 M 表示。 2.平面图中，下为外，上为内，门开启线为 90°、60° 或 45°，开启弧线宜绘出。 3.立面图中，开启线实线为外开，虚线为内开。开启线交角的一侧为安装合页一侧。开启线在建筑立面图中可不表示，在立面大样图中可根据需要绘出。 4.剖面图中，左为外，右为内。 5.附加纱扇应以文字说明，在平面图、立面图、剖面图中均不表示。 6.立面形式应按实际情况绘制
	双层双扇平开门	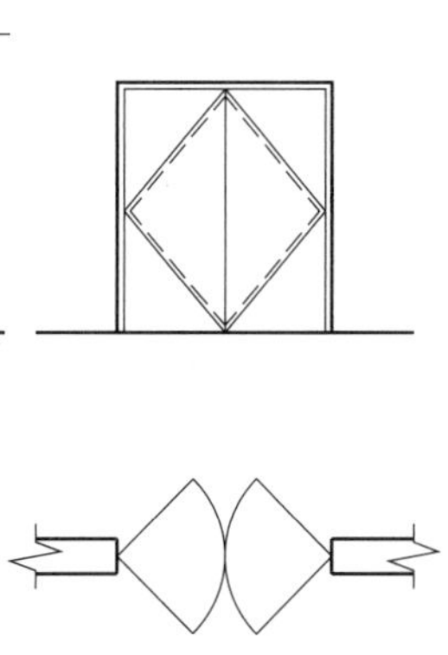	

续表

序号	名称	图例	备注
20	折叠门	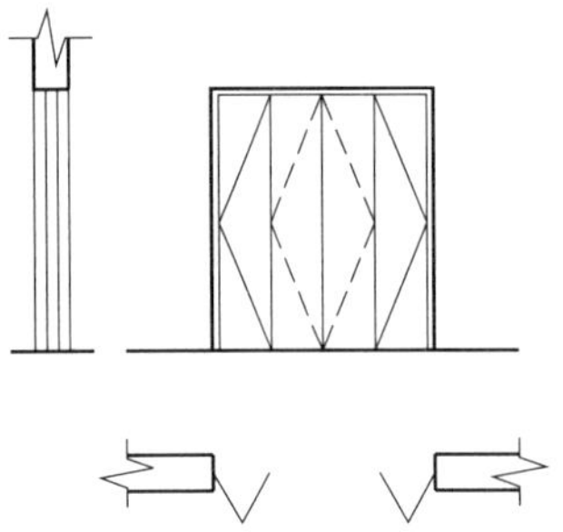	1.门的名称代号用 M 表示。 2.平面图中，下为外，上为内。 3 立面图中，开启线实线为外开，虚线为内开，开启线交角的一侧为安装合页一侧。 4.剖面图中，左为外，右为内。 5.立面形式应按实际情况绘制
	推拉折叠门	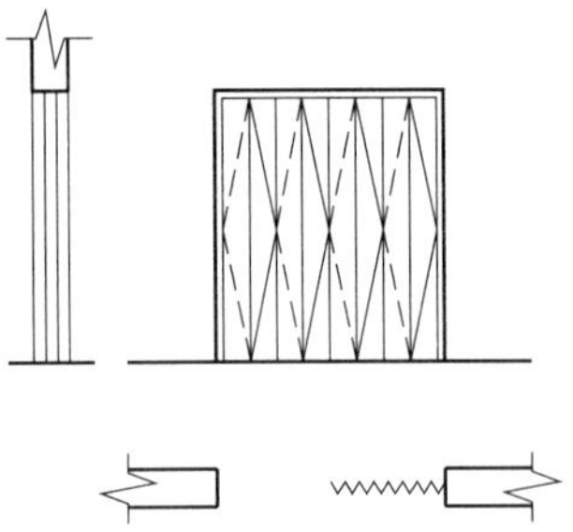	
21	墙洞外单扇推拉门	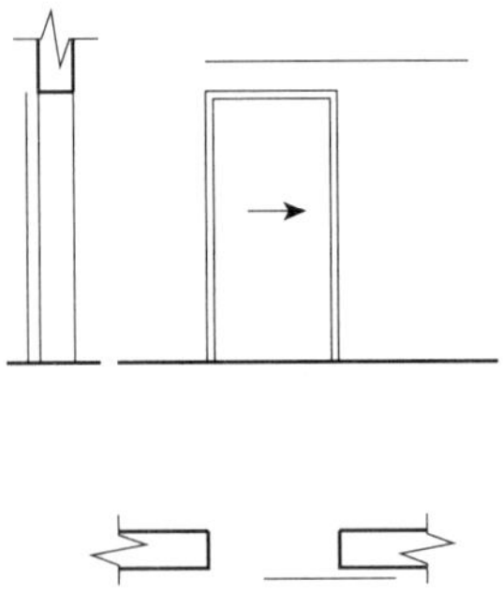	1.门的名称代号用 M 表示。 2.平面图中，下为外，上为内。 3.剖面图中，左为外，右为内。 4 立面形式应按实际情况绘制
	墙中单扇推拉门	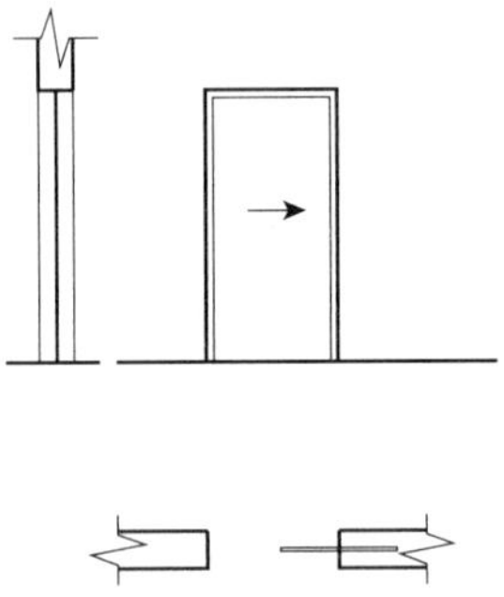	1.门的名称代号用 M 表示。 2.立面形式应按实际情况绘制
22	门连窗	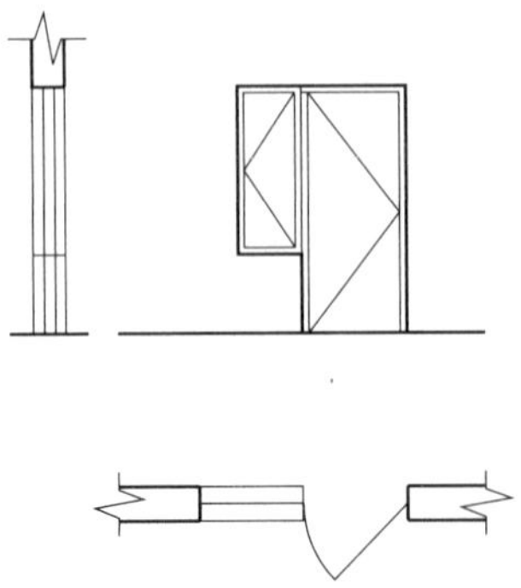	1.门的名称代号用 M 表示。 2.平面图中，下为外，上为内，门开启线为 90°、60° 或 45°。 3.立面图中，开启线实线为外开，虚线为内开。开启线交角的一侧为安装合页一侧。开启线在建筑立面图中可不表示，在室内设计门窗立面大样图中须绘出。 4.剖面图中，左为外，右为内。 5.立面形式应按实际情况绘制

续表

序号	名称	图例	备注
23	提升门	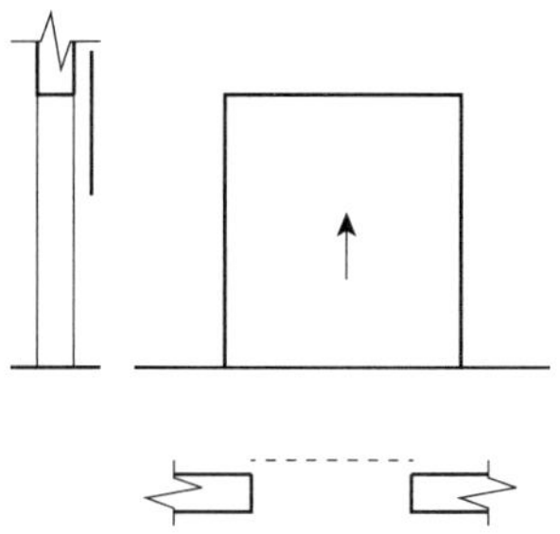	1. 门的名称代号用 M 表示。 2. 立面形式应按实际情况绘制
24	固定窗	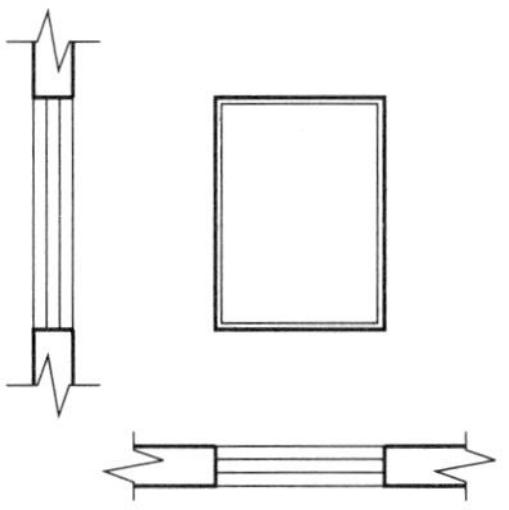	
25	上悬窗	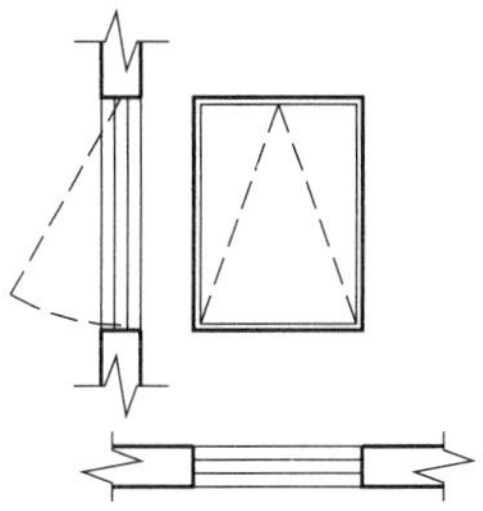	1. 窗的名称代号用 C 表示。 2. 平面图中，下为外，上为内。 3. 立面图中，开启线实线为外开，虚线为内开。开启线交角的一侧为安装合页一侧。开启线在建筑立面图中可不表示，在门窗立面大样图中须绘出。 4. 剖面图中，左为外、右为内。虚线仅表示开启方向，项目设计不表示。 5. 附加纱窗应以文字说明，在平面图、立面图、剖面图中均不表示。 6. 立面形式应按实际情况绘制
	中悬窗	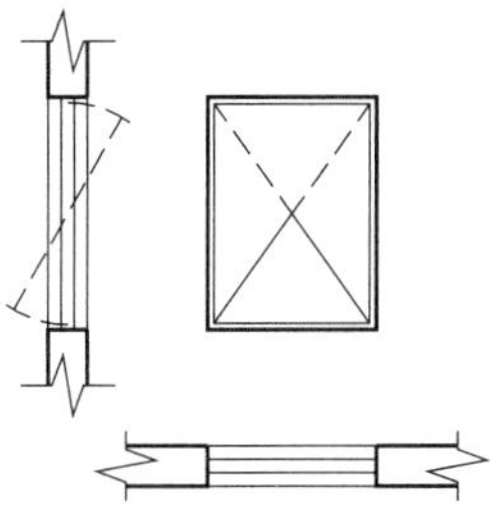	
26	下悬窗	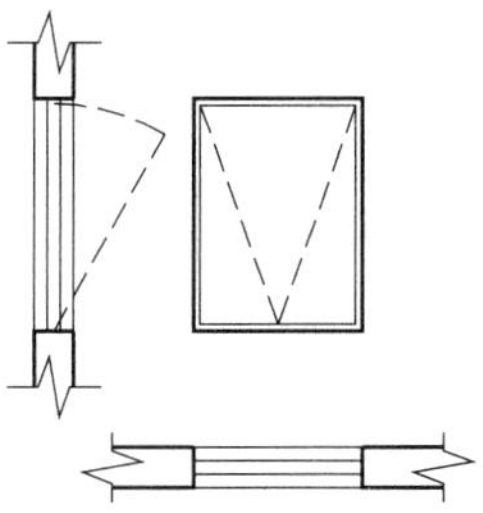	
27	立转窗	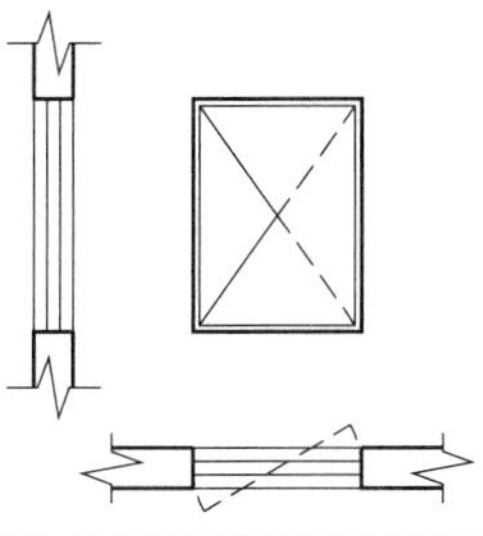	

续表

序号	名称	图例	备注
28	内平开开内倾窗		
29	单层外开平开窗 单层内开平开窗		1. 窗的名称代号用 C 表示。 2. 平面图中，下为外，上为内。 3. 立面图中，开启线实线为外开，虚线为内开。开启线交角的一侧为安装合页一侧。开启线在建筑立面图中可不表示，在门窗立面大样图中须绘出。 4. 剖面图中，左为外、右为内。虚线仅表示开启方向，项目设计不表示。 5. 附加纱窗应以文字说明，在平面图、立面图、剖面图中均不表示。 6. 立面形式应按实际情况绘制
30	双层内外开平开窗	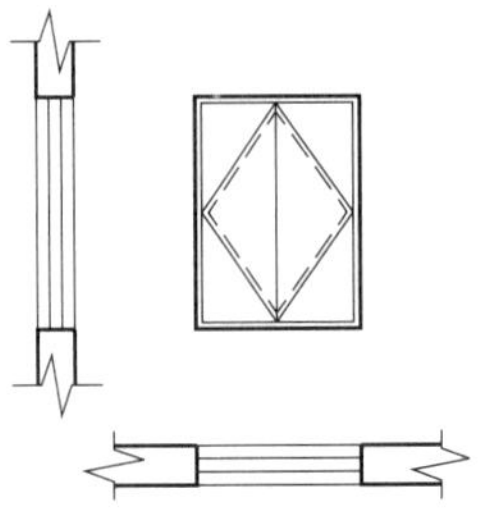	
31	单层推拉窗 双层推拉窗	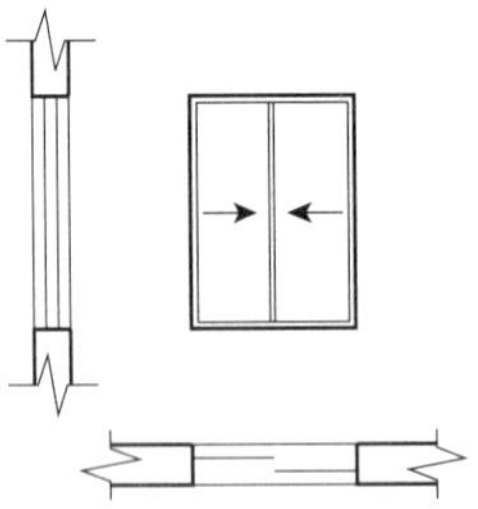	1. 窗的名称代号用 C 表示。 2. 立面形式应按实际情况绘制

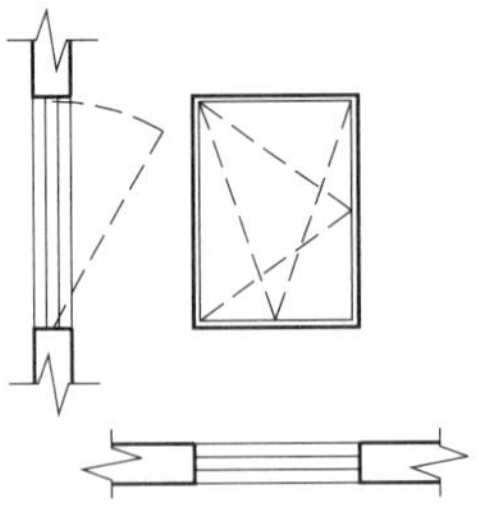

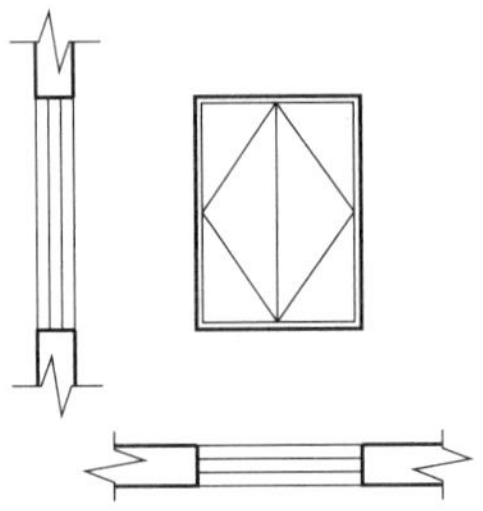

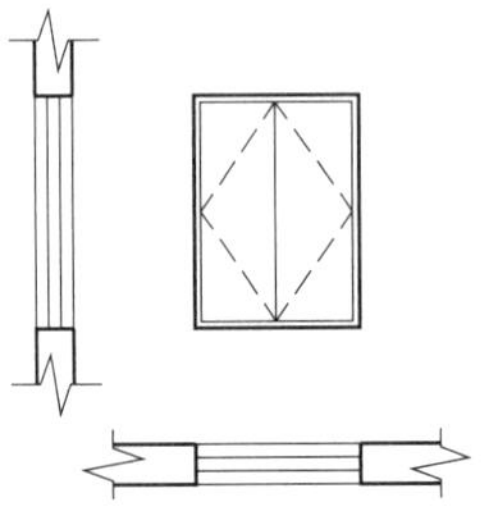

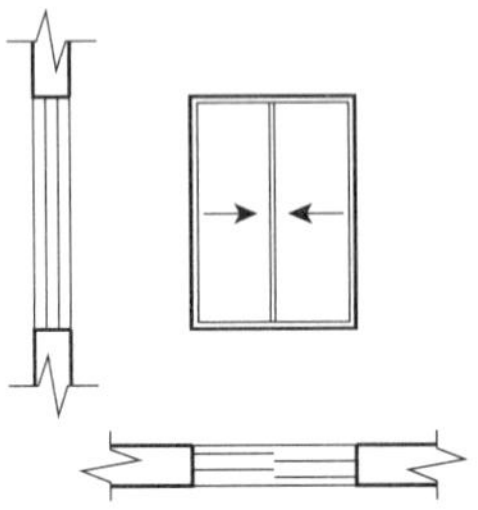

序号	名称	图例	备注
32	上推窗	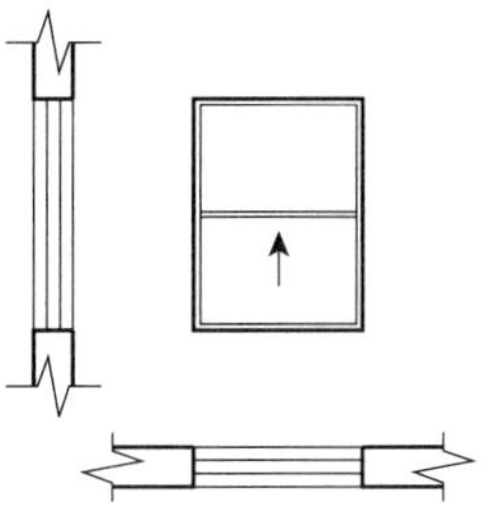	
33	百叶窗	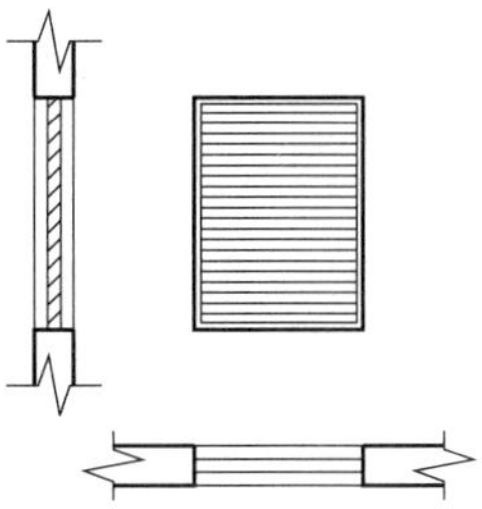	1.窗的名称代号用 C 表示。 2.立面形式应按实际情况绘制
34	高窗	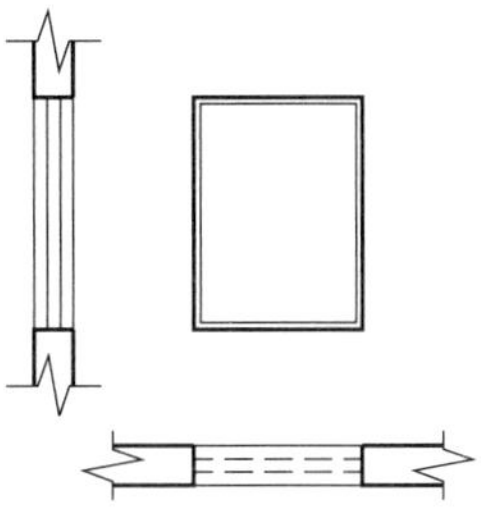	1.窗的名称代号用 C 表示。 2.立面图中，开启线实线为外开，虚线为内开。开启线交角的一侧为安装合页一侧。开启线在建筑立面图中可不表示，在门窗立面大样图中须绘出。 3.剖面图中，左为外、右为内。 4.附加纱窗应以文字说明，在平面图、立面图、剖面图中均不表示。 5.立面形式应按实际情况绘制

参　考　文　献

[1]　中华人民共和国住房和城乡建设部 . 房屋建筑制图统一标准 GB/T 50001—2017[S]. 北京：中国计划出版社，2018.

[2]　中华人民共和国住房和城乡建设部 . 总图制图标准 GB/T 50103—2010[S]. 北京：中国计划出版社，2011.

[3]　中华人民共和国住房和城乡建设部 . 建筑制图标准 GB/T 50104—2010[S]. 北京：中国计划出版社，2011.

[4]　中华人民共和国住房和城乡建设部 . 建筑结构制图标准 GB/T 50105—2010[S]. 北京：中国计划出版社，2011.

[5]　中华人民共和国住房和城乡建设部 . 建筑给水排水制图标准 GB/T 50106—2010[S]. 北京：中国计划出版社，2011.

[6]　中华人民共和国住房和城乡建设部 . 暖通空调制图标准 GB/T 50114—2010[S]. 北京：中国计划出版社，2011.

[7]　中华人民共和国住房和城乡建设部 . 建筑设计防火规范 GB 50016—2014[S]. 北京：中国计划出版社，2018.

[8]　中华人民共和国住房和城乡建设部 . 民用建筑设计统一标准 GB 50352—2019[S]. 北京：中国计划出版社，2019.

[9]　中华人民共和国住房和城乡建筑部 . 建筑工程设计文件编制深度规定（2017 版）[M]. 北京：中国计划出版社，2017.

[10]　中华人民共和国国家质量监督检验检疫总局 . 技术制图 投影法 GB/T 14692—2008. 北京：中国标准出版社，2008.

[11]　清华大学建筑系制图组 . 建筑制图与识图（第二版）[M]. 北京：中国建筑工业出版社，1982.

[12]　金方 . 建筑制图（第三版）[M]. 北京：中国建筑工业出版社，2018.

[13]　钟训正等 . 建筑制图（第三版）[M]. 南京：东南大学出版社，2009.